普通高等学校"十四五"规划机械类专业精品教材

# 精密加工技术

主 编　姜 晨　叶 卉

华中科技大学出版社
中国·武汉

# 内 容 提 要

　　全书共 9 章,内容涉及精密与超精密技术概述、精密与超精密加工机床及关键部件、精密与超精密切削加工、精密与超精密磨削、超精密研磨与抛光、精密测量与在线检测技术、精密特种加工技术、微细加工技术,以及纳米技术等,向读者介绍了各类精密超精密加工技术的机理、特点、类型与应用,紧密结合精密加工技术的国内外研究现状与发展前景。本书有特色的地方在于:对精密加工的支撑技术——精密测量与在线检测技术——作专门的介绍之后,更在每一章末尾安排了与精密加工技术相关的思政小课堂模块,让读者能够在学习精密加工技术专业知识的同时对精密加工领域中的中华文化、历史有所了解,对国家政策、导向有所认识,树立积极向上、科学严谨的工作态度。

　　本书可作为普通高等学校机械工程类专业的本科生及研究生教材,也可供从事机械制造加工的科技人员参考。

**图书在版编目(CIP)数据**

精密加工技术/姜晨,叶卉主编. —武汉:华中科技大学出版社,2021.4
ISBN 978-7-5680-7004-1

Ⅰ.①精…　Ⅱ.①姜…　②叶…　Ⅲ.①精密切削-高等学校-教材　Ⅳ.①TG506.9

中国版本图书馆 CIP 数据核字(2021)第 061796 号

**精密加工技术**
Jingmi Jiagong Jishu

姜　晨　叶　卉　主编

策划编辑:万亚军
责任编辑:邓　薇
封面设计:原色设计
责任监印:周治超
出版发行:华中科技大学出版社(中国·武汉)　　电话:(027)81321913
　　　　　武汉市东湖新技术开发区华工科技园　　邮编:430223
录　　排:武汉市洪山区佳年华文印部
印　　刷:武汉开心印印刷有限公司
开　　本:787mm×1092mm　1/16
印　　张:12
字　　数:308 千字
版　　次:2021 年 4 月第 1 版第 1 次印刷
定　　价:36.00 元

# 前　言

　　精密和超精密加工技术是综合了机械制造、精密测量和计算机控制等众多学科知识的一门系统工程技术,对尖端技术和国防工业的发展有重要影响。"精密加工技术"课程是机械工程类专业的重要专业课,旨在培养学生具备机械领域精密加工与制造的专业知识。

　　近年来多种新技术在精密加工中得以应用,为适应当前科学技术迅速发展的新形势,结合"三全育人"教育理念和工程教育认证的要求,笔者编写了本书。本书主要涉及精密超精密加工方法与原理、精密测量与在线检测技术、精密特种加工技术及微细加工技术、纳米技术等,除了介绍精密加工技术的基础理论外,还结合工程需求与科学发展态势,特别介绍了相关加工方法的工程应用现状与研究进展。与传统的精密加工技术类教材有所不同,本书增加了精密加工的支撑技术——精密测量与在线检测技术——等相关内容,同时每一章都设置了与课程内容紧密相关的思政小课堂模块,使专业知识更加新颖、生动。

　　本书在编写中力求保持内容的完整性和系统性。第1章精密与超精密加工技术概述,主要介绍了精密加工技术的内涵和发展趋势;第2章精密与超精密加工机床及关键部件,主要介绍了国内外典型精密加工机床的特点,并专门介绍了精密加工机床的主轴和导轨部件;第3章精密与超精密切削加工,主要介绍了金刚石刀具、精密切削的关键要素对切削过程的影响,以及超声波振动切削技术;第4章精密与超精密磨削,重点介绍了砂轮磨削过程及磨削表面与亚表面质量控制技术,也对砂带磨削进行了介绍;第5章超精密研磨与抛光,介绍了研抛加工的机理和特点,特别介绍了多种新发展的柔性抛光加工技术;第6章精密测量与在线检测技术,主要介绍了精加工工件的加工误差与表面粗糙度测量技术,以及机床在线检测原理;第7章精密特种加工技术,对电加工技术和高能束加工技术两大类都进行了较为全面的介绍;第8章微细加工技术,主要介绍了微细加工机理和方法,特别介绍了集成电路与印制线路板制作技术;第9章纳米技术,主要对纳米级测量和加工方法的原理及应用进行介绍,并介绍了微型机械和微型机电系统。

　　本书可作为普通高等学校机械工程类专业本科生及研究生教材,也可供从事机械制造加工的科技人员参考。

　　本书由上海理工大学姜晨、叶卉主编,其中第1、2、3、8章及第9章由姜晨编写,第4章至第7章由叶卉编写,全书由姜晨统稿。本书得到了2019年"上海高校课程思政整体改革领航高校"建设项目、2019年度上海理工大学一流本科系列教材建设项目资助,以及上海理工大学机械工程学院各位领导、老师的支持与帮助。郝宇、李晓峰等研究生参与了本书图表编排和文字素材的整理、校对工作。编者在此一并表示衷心的感谢。

　　由于编者水平有限,书中可能存在疏漏及欠妥之处,竭诚欢迎读者批评指正。

编　者

**2020 年 10 月于上海**

# 目　　录

# 第1章　精密与超精密加工技术概述

## 1.1　精密加工与先进制造技术

精密加工是先进制造技术的重要组成部分,要理解精密加工技术的内涵,首先需要了解先进制造技术的概念。先进制造技术(advanced manufacturing technology,AMT)一词源于美国,是为了提高制造业的竞争力和促进国家经济增长而提出的。目前,先进制造技术已经是一个国家经济发展的重要手段之一,许多发达国家都十分重视先进制造技术的发展水平和发展速度,利用它进行产品革新、扩大生产和提高国际经济竞争力。

先进制造技术是重要的基础技术之一,对我国的制造业发展有着举足轻重的作用。尤其在经济全球化条件下,随着国际分工的深化,出现国际产业大转移、制造业布局大调整的趋势。其中,广泛采用先进制造技术和先进制造模式,是当今国际制造业发展的突出表现。以制造业快速发展为标志的工业化阶段,是经济发展的必经阶段。把握先进制造业的发展趋势,借鉴有益的国际经验,对于我国实施"十四五"发展战略,推动制造业转型升级,具有重要的现实意义。

### 1.1.1　先进制造技术产生的背景

在第二次世界大战及战后时期,美国制造业得到了空前的发展,并形成了一支强大的研究开发力量,成为当时世界制造业的霸主。第二次世界大战后国际形势发生了很大的变化,军事对峙和显示实力刺激制造业发展的背景减弱了。

1945年7月,时任美国总统科学顾问的麻省理工学院(MIT)前工学院院长范内瓦·布什(Vannevar Bush)提交给杜鲁门总统的战后科学研究规划报告《科学——永无止境的前沿》(*Science*:*Endless Frontie*),使第二次世界大战后的十几年中,美国政府对美国高校的研究资助几乎增加了100倍。

至20世纪70年代,随着日、德经济的恢复,美国制造业遇到了强有力的挑战,其汽车业、家用电器业、机床业、半导体业、应用电子业、钢铁业的霸主地位相继逊位,连奉为至宝的航天、航空业也遇到了强有力的竞争,出口产品的竞争力大大落后于日、德,对外贸易逆差与日俱增,导致经济滞胀,发展缓慢。而日本在过去几十年内抓住新的科技革命的机会,引进外国先进技术,重视教育,不断主动地采用制造新技术,已成为仅次于美国的资本主义经济大国。

20世纪80年代初,美国一批有识之士相继发表言论,如麻省理工学院一批学者集体撰文《夺回生产优势——美国制造业的衰退及对策》,反思了制造技术与国民经济、制造技术与国力的至关重要的相互依赖关系,强调了制造技术的重要性。在此背景下,克林顿政府相继提出了两个颇有号召力的口号——"为了美国的利益发展技术"和"技术是经济的发动机",强调了具有明确的社会经济目标的关键技术的重要性,制订了国家关键技术计划,并对其技术政策做了重大调整。

1993年,美国政府批准了由联邦科学、工程与技术协调委员会(FCCSET)主持实施的先进制造技术计划,先进制造技术就在这样一个社会经济背景下诞生了。由此,美国很快扭转了经济颓势,重新成为世界上最具竞争力的国家。

## 1.1.2　先进制造技术的内涵

虽然先进制造技术至今还没有一个严格的定义,但它却是国际上形成广泛共识的一个概念和已被公认的一个技术术语。这一广泛共识是:传统制造技术不断地汲取计算机、信息、自动化、新材料和现代系统管理技术,并将其综合应用于产品的研究与开发、设计、生产、管理和市场开拓、售后服务,从而取得显著的社会效益和经济效益,将这些综合技术统称为先进制造技术。

先进制造技术的范畴一般包括以下四个部分。

(1) 现代设计技术。

(2) 先进制造工艺技术。

(3) 制造系统综合自动化技术。

(4) 现代生产经营和管理技术。

近年来,随着科学技术的不断发展和学科间的相互融合,先进制造技术迅速发展,不断涌现出新技术、新概念,如成组技术(GT)、敏捷制造(AM)、并行工程(CE)、快速原型制造技术(RPM)、虚拟制造技术(VMT)、智能制造(IM)等。

### 1. 成组技术

揭示和利用事物间的相似性,按照一定的准则分类成组,同组事物采用同一方法进行处理,以便提高效益的技术,称为成组技术(GT)。在机械制造工程中,成组技术是计算机辅助制造的基础。将成组哲理用于设计、制造和管理等整个生产系统,可改变多品种小批量生产方式,获得最大的经济效益。

成组技术的核心是成组工艺。它是将结构、材料、工艺相近的零件组成一个零件族(组),按零件族制订工艺进行加工,以扩大批量、减少品种、采用高效方法、提高劳动生产率。零件的相似性是广义的,在几何形状、尺寸、功能要素、精度、材料等方面的相似性为基本相似性;以基本相似为基础,在制造、装配等生产、经营、管理方面所导出的相似性,称为二次相似性或派生相似性。

### 2. 敏捷制造

敏捷制造(AM)是指企业实现敏捷生产经营的一种制造哲理和生产模式。敏捷制造包括产品制造机械系统的柔性、员工授权、制造商和供应商关系、总体品质管理及企业重构。敏捷制造借助于计算机网络和信息集成基础结构,构造由多个企业参加的 VM(virtual machine,虚拟机)环境,以竞争合作的原则,在虚拟制造环境下动态选择合作伙伴,组成面向任务的虚拟公司,进行快速和最佳生产。

### 3. 并行工程

并行工程(CE)是对产品及其相关过程(包括制造过程和支持过程)进行并行、一体化设计的一种系统化的工作模式。在传统的串行开发过程中,设计中的问题或不足,要分别在加工、装配或售后服务中才能被发现,然后再修改设计,改进加工、装配或售后服务(包括维修服务);而并行工程就是将设计、工艺和制造结合在一起,利用计算机互联网并行作业,大大缩短生产周期。

### 4. 快速原型制造技术

快速原型制造技术(RPM)是集计算机辅助设计与制造(computer-aided design and manufacturing,CAD/CAM)技术、激光加工技术、数控技术和新材料技术等领域的最新成果于一体的零件原型制造技术。它不同于传统的用材料去除方式制造零件的方法,而是用一层一层积累材料的方式构造零件模型。它利用所要制造零件的三维 CAD 模型数据直接生成产品原型,并且可以方便地修改 CAD 模型后重新制造产品原型。该技术不像传统的零件制造方法那样需要制作木模、塑料模或陶瓷模等,可以把零件原型的制造时间减少为几天、几小时,大大缩短了产品开发周期,降低了开发成本。随着计算机技术的快速发展和三维 CAD 软件应用的不断推广,越来越多的产品基于三维 CAD 设计开发,使得快速原型制造技术的广泛应用成为可能。快速原型制造技术已广泛应用于航空航天、汽车、通信、医疗、电子、家电、玩具、军事装备、工业造型(雕刻)、建筑模型、机械等领域。

**5. 虚拟制造技术**

虚拟制造技术(VMT)以计算机支持的建模、仿真技术为前提,对设计、加工制造、装配等全过程进行统一建模,在产品设计阶段,实时并行模拟出产品未来制造全过程及其对产品设计的影响,预测出产品的性能、产品的制造技术、产品的可制造性与可装配性,从而更有效、更经济地灵活组织生产,使工厂和车间的设计布局更合理、有效,以达到产品开发周期最短化、成本最小化、产品设计质量最优化、生产率最高化。虚拟制造技术填补了 CAD/CAM 技术与生产全过程、企业管理之间的技术缺口,在产品投产之前就把产品的工艺设计、作业计划、生产调度、制造过程、库存管理、成本核算、零部件采购等企业生产经营活动在计算机上加以显示和评价,使设计人员和工程技术人员在真实制造产品之前,通过计算机虚拟产品来预见可能发生的问题和后果。虚拟制造技术的关键是建模,即将现实环境下的物理系统映射为计算机环境下的虚拟系统。采用虚拟制造技术生产的产品是虚拟产品,但具有真实产品所具有的一切特征。

**6. 智能制造**

智能制造(IM)是制造技术、自动化技术、系统工程与人工智能等学科互相渗透、互相交织而形成的一门综合技术。其具体表现为:智能设计、智能加工、机器人操作、智能控制、智能工艺规划、智能调度与管理、智能装配、智能测量与诊断等。它强调通过智能设备和自治控制来构造新一代的"智能制造系统模式"。

智能制造技术具有自律能力、自组织能力、自学习与自我优化能力、自修复能力,因而适应性极强,而且由于采用虚拟现实技术(VR 技术),人机界面更加友好。因此,智能制造技术的研究开发对于提高生产率与产品品质、降低成本,提高制造业市场应变能力、国家经济实力和国民生活水平,具有重要意义。

"工业 4.0"是以智能制造为主导的第四次工业革命,或革命性的生产方法,即通过充分利用信息通信技术和网络空间虚拟系统——信息物理系统(cyber-physical system,CPS)相结合的手段,将制造业向智能化转型。智能工厂、智能生产、智能物流是"工业 4.0"的三大主题。

## 1.1.3　先进制造技术的特点

先进制造技术的特点在于:

(1)先进制造技术不是一项具体的技术,而是一项面向工业应用的综合技术。

先进制造技术并不限于制造过程本身,它涉及市场调研、产品开发及工艺设计、生产准备、加工制造、售后服务等产品生命周期的所有内容,并将它们结合成一个有机的整体。

(2)先进制造技术的先进性是建立在不断汲取其他相关领域新技术的基础上的,是动态的、相对的。

先进制造技术通过不断吸收各种高新技术成果,并将其渗透到企业生产的所有领域和产品生命周期的全过程,实现优质、高效、低耗、清洁、灵活的生产。

（3）创新是先进制造技术的灵魂，并贯穿于制造全过程。

先进制造技术提倡的创新涵盖产品创新、生产工艺过程创新、生产手段创新、管理创新、组织创新和市场创新等。

（4）技术与管理的结合是先进制造技术的一个突破，新的制造模式层出不穷是人类生产活动的一大进步。

先进制造技术的发展针对某一具体制造目标（如汽车制造、电子工业），有明确的需求导向，不以追求技术高新为目的，注重最好的实践效果，以提高企业竞争力和促进国家经济增长及综合实力为目标。

（5）市场和工业领域的需求是先进制造技术的出发点与归宿，是先进制造技术发展的动力和目标。

先进制造技术的成败取决于市场检验，企业是先进制造技术的创新主体。

（6）先进制造技术是驾驭生产过程的系统工程。

先进制造技术特别强调计算机技术、信息技术、传感技术、自动化技术、新材料技术和现代系统管理技术在产品设计、制造和生产组织管理、销售及售后服务等方面的应用。它要不断吸收各种高新技术成果，并与传统制造技术相结合，使制造技术成为能驾驭生产过程的物质流、能量流和信息流的系统工程。

（7）先进制造技术是面向全球竞争的技术。

随着全球市场的形成，市场竞争变得越来越激烈。先进制造技术正是为适应这种激烈的市场竞争而出现的。因此，一个国家的先进制造技术的主体应该具有世界先进水平，应能支持该国制造业在全球市场上的竞争力。

## 1.1.4　先进制造技术的体系结构

先进制造技术由主体技术群、支撑技术群和制造技术环境三个部分构成，这三个部分相互联系、相互促进，组成一个完整的体系，每个部分均不可缺少，否则就很难发挥预期的整体功能效益。图 1-1 所示为该体系结构的框图。

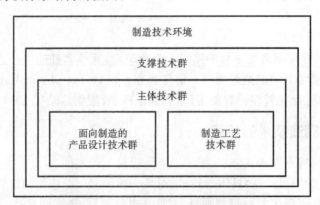

图 1-1　先进制造技术的体系结构

**1. 主体技术群**

主体技术群包括两个基本部分——面向制造的产品设计技术群和制造工艺技术群。

1）面向制造的产品设计技术群

面向制造的产品设计技术群指用于生产准备（制造准备）的工具群和技术群。设计技术对新产品开发生产费用、产品质量,以及新产品上市时间都有很大影响。产品和制造工艺的设计可以采用一系列工具,例如计算机辅助设计(CAD)及工艺过程建模和仿真等,生产设施、装备和工具,甚至整个制造企业都可以采用先进技术更有效地进行设计。近几年发展起来的产品和工艺的并行设计具有双重目的,一是缩短新产品上市的周期,二是可以将生产过程中产生的废物减少到最低程度,使最终产品可回收、可再利用,因此该并行设计对实现面向保护环境的制造而言是必不可少的。

　　2) 制造工艺技术群

　　制造工艺技术群指用于物质产品(物理实体产品)生产(如注塑成型、铸造、冲压、磨削等)的过程及设备。随着高新技术的不断渗入,传统的制造工艺和装备正在产生质的变化。制造工艺技术群是有关加工和装配的技术,也是制造技术或生产技术的传统领域。

**2. 支撑技术群**

　　支撑技术群指支持产品设计和制造工艺取得进步的基础性的核心技术。基本的生产过程需要一系列的支撑技术,诸如测试和检验、物料搬运、生产(作业)计划的控制,以及包装等。它们也是用于保证和改善主体技术协调运行的技术,是工具、手段和系统集成的基础技术。支撑技术群包括以下内容。

　　(1) 信息技术:主要涉及接口和通信、数据库技术、集成框架、软件工程、人工智能、专家系统和神经网络、决策支持系统等。

　　(2) 标准和框架:主要涉及数据标准、产品定义标准、工艺标准、检验标准、接口框架。

　　(3) 机床和工具技术。

　　(4) 传感器和控制技术:主要涉及单机加工单元和过程的控制、执行机构、传感器和传感器组合、生产作业计划。

　　(5) 其他。

# 1.2　精密与超精密加工技术

　　从先进制造技术的实质来看,先进制造技术主要有精密与超精密加工技术和制造自动化两大领域。前者追求加工上的精度和表面质量极限;后者包括了产品设计、制造和管理的自动化,不仅是快速响应市场需求、提高生产率、改善劳动条件的重要手段,而且是保证产品质量的有效举措。两者有密切的关系,有许多精密与超精密加工要依靠自动化技术才能达到预期指标,制造自动化通过精密与超精密加工才能准确、可靠地实现。两者具有对全局的决定性的作用,是先进制造技术的支柱。在制造自动化领域,已经进行了大量有关计算机辅助制造软件的开发,还进行了计算机集成制造(CIM)技术,生产模式如精良生产、敏捷制造、虚拟制造,以及清洁生产和绿色制造等的研究。这些都代表了当今社会高新制造技术的一个重要方面。但是,作为制造技术的主战场——产品的实际制造,必然要依靠精密与超精密加工技术。例如,计算机工业的发展不仅要在软件上,还要在硬件上,亦即在集成电路芯片上有很强的设计、开发和制造能力。目前我国集成电路的制造水平制约了计算机工业的发展。当代的精密工程、微细工程和纳米技术是现代制造技术的前沿、未来技术的基础。

## 1.2.1　精密与超精密加工的概念

　　所谓精密与超精密加工,是指加工精度和表面质量达到极高程度的加工工艺。通常将加

工精度在 $1\sim0.1~\mu m$、加工表面粗糙度 $Ra$ 为 $0.1\sim0.02~\mu m$ 的加工称为精密加工,而将加工精度高于 $0.1~\mu m$、加工表面粗糙度 $Ra$ 小于 $0.01~\mu m$ 的加工称为超精密加工。

不同的发展时期,其技术指标有所不同。图 1-2 所示为 1983 年,日本田口教授经大量考察精密与特种加工工厂后,对当代各种加工方法所能达到的精度及其发展趋势的预测。

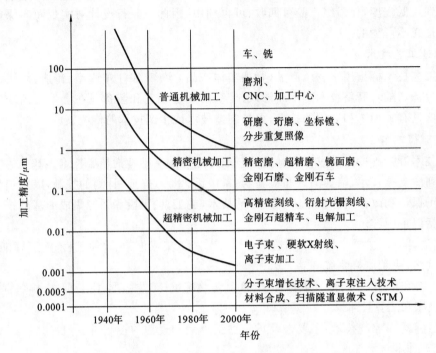

图 1-2　各种加工方法所能达到的精度及其发展趋势

### 1.2.2　精密与超精密加工的技术内涵

精密与超精密加工包括微细加工、超微细加工、光整加工、精整加工等加工技术。

微细加工技术是指制造微小尺寸零件的加工技术,超微细加工技术是指制造超微小尺寸零件的加工技术。它们是针对集成电路的制造要求而提出的,由于尺寸微小,其精度用去除厚度的绝对值来表示,而不是用所加工尺寸与尺寸误差的比值来表示。

光整加工一般是指减小表面粗糙度数值和提高表面层力学性能的加工方法,不着重于提高加工精度,其典型加工方法有珩磨、研磨、超精加工及无屑加工等。实际上,这些加工方法不仅能提高表面质量,而且可以提高加工精度。

精整加工是与光整加工对应的,指既要减小表面粗糙度数值和提高表面层力学性能,又要提高加工精度(包括尺寸精度、几何精度)的加工方法。

### 1.2.3　精密与超精密加工的作用

现代机械工业之所以致力于提高零件加工精度,主要原因在于以下三个方面。

(1)提高零件加工精度可提高产品的性能和质量,提高产品的稳定性和可靠性。

英国劳斯莱斯(Rolls-Royce)[①]公司的资料表明,将飞机发动机转子叶片的加工精度由 60

---

[①]　本书中若干公司名、单位名采用业内通识的简称或缩称。

$\mu$m 提高到 12 $\mu$m,加工表面粗糙度 $Ra$ 由 0.5 $\mu$m 减小到 0.3 $\mu$m,则发动机的压缩效率将从 89% 提高到 94%。20 世纪 80 年代初,苏联从日本引进了 4 台精密数控铣床,用于加工螺旋桨曲面,使其潜艇的水下航行噪声大幅度下降,即使使用精密的声呐探测装置也很难发现潜艇的行踪,此事震惊了西方有关国家的国防部门。

(2) 提高零件加工精度可促进产品的小型化。

传动齿轮的齿形及齿距误差直接影响了其传递转矩的能力。若将该误差从目前的 3~6 $\mu$m 降低到 1 $\mu$m,则齿轮箱单位质量所能传递的转矩将提高近 1 倍,从而可使目前的齿轮箱尺寸大大缩小。IBM(国际商业机器公司)开发的磁盘,其记忆密度由 1957 年的 300 bit/$m^2$ 提高到 1982 年的 254 万 bit/$cm^2$,提高了近 1 万倍,这在很大程度上应归功于磁盘基片加工精度的提高和表面粗糙度数值的减小。

(3) 提高零件加工精度可增强零件互换性,提高装配生产率,促进自动化装配,推进自动化生产。

自动化装配是提高装配生产和装配质量的重要手段。自动化装配的前提是零件必须完全互换。这就要求严格控制零件的加工公差,这导致对零件的加工精度要求极高,而精密与超精密加工使之成为可能。

### 1.2.4　精密与超精密加工的难点

超微量去除技术是实现超精密加工的关键,其难点如下:

(1) 工具和工件表面微观的弹性变形和塑性变形是随机的,精度难以控制;

(2) 工艺系统的刚度和热变形对加工精度有很大影响;

(3) 去除层越薄,被加工表面所受的切应力越大,材料就越不易被去除。

当去除厚度在 1 $\mu$m 以下时,材料被去除的区域内产生的切应力急剧增大。因为当晶粒的尺寸为数微米时,加工就需在晶粒内进行,即把晶粒当作一个个不连续体进行切削。在晶粒内部,大约 1 $\mu$m 的间隙内就有一个位错缺陷。

### 1.2.5　精密与超精密加工的方法

精密与超精密加工主要有以下几种分类方式。

(1) 精密与超精密加工按加工方式不同可分为切削加工、磨料加工(分固结磨料和游离磨料加工)、特种加工和复合加工四类,见表 1-1。

表 1-1　常用精密与超精密加工方法

| 分类 | 加工方法 | | 加工工具 | 精度/$\mu$m | 表面粗糙度 $Ra/\mu$m | 被加工材料 | 应　用 |
|---|---|---|---|---|---|---|---|
| 切削加工 | 切削 | 精密、超精密车削 | 天然单晶金刚石刀具、人造聚晶金刚石刀具、立方氮化硼刀具、陶瓷刀具、硬质合金刀具 | 1~0.1 | 0.05~0.008 | 非铁金属及其合金等软材料 | 球、磁盘、反射镜 |
| | | 精密、超精密铣削 | | | | | 多面棱体 |
| | | 精密、超精密镗削 | | | | | 活塞销孔 |
| | 微孔钻削 | | 硬质合金钻头、高速钢钻头 | 20~10 | 0.2 | 低碳钢、铜、铝、石墨、塑料 | 印制电路板、石墨模具、喷嘴 |

| 分类 | 加工方法 | | 加工工具 | | 精度/μm | 表面粗糙度 Ra/μm | 被加工材料 | 应 用 |
|---|---|---|---|---|---|---|---|---|
| 磨料加工 | 磨削 | 精密、超精密砂轮磨削 | 氧化铝、碳化硅、立方氮化硼、金刚石等磨料 | 砂轮 | 5~0.5 | 0.05~0.008 | 钢铁材料、脆性材料、非金属材料 | 外圆、孔、平面 |
| | | 精密、超精密砂带磨削 | | 砂带 | | | | 平面、外圆磁盘、磁头 |
| | 研磨 | 精密、超精密研磨 | 铸铁、硬木、塑料等研具,氧化铝、氮化硅、金刚石等磨料 | | 1~0.1 | 0.025~0.008 | 钢铁材料、脆性材料、非金属材料 | 外圆、孔、平面 |
| | | 磨石研磨 | 氧化铝磨石、玛瑙磨石、电铸金刚石磨石 | | | | | 平面 |
| | | 磁性研磨 | 磁性磨料 | | | | 钢铁材料 | 外圆、去毛刺 |
| | | 滚动研磨 | 固结磨料、游离磨料、化学或电解作用液体 | | 10~1 | 0.01 | 钢铁材料等 | 型腔 |
| | 抛光 | 精密、超精密抛光 | 抛光器,氧化铝、氮化铬等磨料 | | 1~0.1 | 0.025~0.008 | 钢铁材料、铝合金 | 外圆、孔、平面 |
| | | 弹性发射加工 | 聚氨酯球抛光器、高压抛光液 | | 0.1~0.001 | 0.025~0.008 | 钢铁材料、非金属材料 | 平面、型面 |
| | | 液体动力抛光 | 带有楔槽工作表面的抛光器、抛光液 | | 0.1~0.01 | 0.025~0.008 | 钢铁材料、非金属材料、非铁金属材料 | 平面、圆柱面 |
| | | 水合抛光 | 聚氨酯球抛光器、抛光液 | | 0.1 | 0.01 | 钢铁材料、非金属材料 | 平面 |
| | | 磁流体抛光 | 非磁性磨料、磁流体 | | 0.1 | 0.01 | 钢铁材料、非金属材料、非铁金属材料 | 平面 |
| | | 挤压研抛 | 黏弹性物质、磨料 | | 5 | 0.01 | 钢铁材料等 | 型面、型腔去毛刺、倒棱 |
| | | 喷射加工 | 磨料、液体 | | 5 | 0.01~0.02 | 钢铁材料等 | 孔、型腔 |
| | | 砂带研抛 | 砂带、接触轮 | | 1~0.1 | 0.01~0.08 | 钢铁材料、非金属材料、非铁金属材料 | 外圆、孔、平面、型面 |
| | | 超精研抛 | 研具(脱脂木材、细毛毡)、磨料、纯水 | | 1~0.1 | 0.01~0.08 | 钢铁材料、非金属材料、非铁金属材料 | 平面 |
| | 超精加工 | 精密超精加工 | 磨条、磨削液 | | 1~0.1 | 0.025~0.01 | 钢铁材料等 | 外圆 |
| | 珩磨 | 精密珩磨 | 磨条、磨削液 | | 1~0.1 | 0.025~0.01 | 钢铁材料等 | 孔 |

续表

| 分类 | 加工方法 | | 加工工具 | 精度/$\mu$m | 表面粗糙度 $Ra/\mu$m | 被加工材料 | 应　用 |
|---|---|---|---|---|---|---|---|
| 特种加工 | 电火花加工 | 电火花成形加工 | 成形电极、脉冲电源、煤油、去离子水 | 50～1 | 2.5～0.02 | 导电金属 | 型腔模 |
| | | 电火花线切割加工 | 钼丝、铜丝、脉冲电源、煤油、去离子水 | 20～3 | 2.5～0.16 | | 冲模、样板（切断、开槽） |
| | 电化学加工 | 电解加工 | 工具电极（铜、不锈钢）、电解液 | 100～3 | 1.25～0.06 | 导电金属 | 型孔、型面、型腔 |
| | | 电铸 | 芯模、电铸溶液 | 1 | 0.02～0.012 | 金属 | 成形小零件 |
| | 化学加工 | 刻蚀 | 掩膜版、光敏抗蚀剂、离子束装置、电子束装置 | 0.1 | 2.5～0.2 | 金属、非金属、半导体 | 刻线、图形 |
| | | 化学铣削 | 光学腐蚀溶液、耐蚀涂料 | 20～10 | 2.5～2 | 钢铁材料、非铁金属材料等 | 下料、成形加工（如印制电路板） |
| | 超声加工 | | 超声波发生器、换能器、变幅杆 | 30～5 | 2.5～0.04 | 任何硬脆金属和非金属 | 型孔、型腔 |
| | 微波加工 | | 针状电极（钢丝、铱丝）、波导管 | 10 | 6.3～0.12 | 绝缘材料、半导体 | 打孔 |
| | 红外线加工 | | 红外线发生器 | 10 | 6.3～0.12 | 任何材料 | 打孔、切割 |
| | 电子束加工 | | 电子枪、真空系统、加工装置（工作台） | 10～1 | 6.3～0.12 | 任何材料 | 微孔、镀膜、焊接、刻蚀 |
| | 离子束加工 | 离子束去除加工 | 离子枪、真空系统、加工装置（工作台） | 0.1～0.001 | 0.02～0.01 | 任何材料 | 成形表面、刃磨、刻蚀 |
| | | 离子束附着加工 | | 1～0.1 | 0.02～0.01 | | 镀膜 |
| | | 离子束结合加工 | | | | | 注入、掺杂 |
| | 激光束加工 | | 激光器、加工装置（工作台） | 10～1 | 6.3～0.12 | 任何材料 | 打孔、切割、焊接、热处理 |
| 复合加工 | 电解加工 | 精密电解磨削 | 工具电极、电解液、砂轮 | 20～1 | 0.08～0.01 | 导电非铁金属材料、硬质合金 | 轧辊、刀具刃磨 |
| | | 精密电解研磨 | 工具电极、电解液、磨料 | 1～0.1 | 0.025～0.008 | | 平面、外圆、孔 |
| | | 精密电解抛光 | 工具电极、电解液、磨料 | 10～1 | 0.05～0.008 | 导电金属 | 平面、外圆、孔、型面 |
| | 超声加工 | 精密超声车削 | 超声波发生器、换能器、变幅杆、车刀 | 5～1 | 0.1～0.01 | 难加工材料 | 外圆、孔、端面、型面 |
| | | 精密超声磨削 | 超声波发生器、换能器、变幅杆、砂轮 | 3～1 | 0.1～0.01 | | 外圆、孔、端面 |
| | | 精密超声研磨 | 超声波发生器、换能器、变幅杆、研磨剂、研具 | 1～0.1 | 0.025～0.008 | 非铁金属等硬脆材料 | 外圆、孔、平面 |
| | 化学加工 | 机械化学研磨 | 研具、磨料、化学活化研磨剂 | 0.1～0.01 | 0.025～0.008 | 非铁金属、非金属材料 | 外圆、孔、平面、型面 |
| | | 化学-机械抛光 | 抛光器、增压活化抛光液 | 0.01 | 0.01 | 各种材料 | 外圆、孔、平面、型面 |

（2）根据加工方法的机理和特点，最基本的超精密加工方法还可分为去除加工、结合加工和变形加工三大类。

① 去除加工又称为分离加工，是从工件上去除多余的材料，例如金刚石刀具精密车削、精密磨削、电火花加工、电解加工等。从材料在加工过程中的流动来分析，去除加工是使工件材料逐步减少，一部分工件材料变成切屑的加工，这种流动称为分散流。

② 结合加工是利用物理变化和化学反应等将不同材料结合在一起，使工件材料在加工过程中逐步增加的加工，这种流动称为汇合流。按结合的机理、方法、强弱等，结合加工又可以分为附着、注入、连接三种。附着加工又称为沉积加工，是在工件表面上覆盖一层物质，为弱结合，例如电镀、气相沉积等。注入加工又称为渗入加工，是在工件的表层注入某些元素，使之与工件基体材料产生物化反应，以改变工件表层材料的力学性质，属于强结合，例如表面渗碳、离子注入等。连接是将两种相同或不同的材料通过物理变化连接在一起，例如焊接、粘接等。

③ 变形加工又称为流动加工，指在加工过程中工件材料基本不变的加工，这种流动称为直通流。即利用力、热、分子运动等手段使工件产生变形，改变其尺寸、形状和性能，如锻造、铸造、液晶定向等。

近年来，电铸、晶体生长、分子束外延、快速成形加工等加工方法得以提出和发展，突破了传统加工大多局限于分离去除和表面结合加工的概念。特别是快速成形加工，它是一种利用离散/堆积成形技术的分层制造方法，将一个三维空间实体零件分散为在某个坐标方向上的若干层有很小厚度的三维实体。由于其厚度很小，因此可按二维实体成形，再叠加成为所需零件的原型。

（3）超精密加工还可分为传统加工、非传统加工和复合加工。

传统加工是指刀具切削加工、固结磨料和游离磨料加工；非传统加工是指利用电能、磁能、声能、光能、化学能、核能等对材料进行加工和处理；复合加工是指多种加工方法的复合。目前，在制造业中以切削、磨削和研磨为代表的传统加工方法仍占主要地位。

### 1.2.6 精密与超精密加工系统组成

精密与超精密加工是一门多学科交叉的综合性高新技术，已从单纯的技术方法发展成精密加工系统工程。该系统工程主要涉及以下几个方面的内容：

（1）精密与超精密加工的机理与工艺方法；

（2）精密与超精密加工工艺装备；

（3）精密与超精密加工工具；

（4）精密与超精密加工中的工件材料；

（5）精密测量及误差补偿技术；

（6）精密与超精密加工工作环境、条件等。

# 1.3 精密与超精密加工的发展趋势

### 1. 高精度、高效率

高精度与高效率是超精密加工永恒的主题。总的来说，固结磨料加工不断追求游离磨料加工的精度，而游离磨料加工不断追求的是固结磨料加工的效率。当前超精密加工技术如CMP(chemical mechanical polishing，化学-机械抛光)、EEM(elastic emission machining，弹性发射加工)等虽能获得极高的表面质量和表面完整性,但须以牺牲加工效率为保证。超精密切削、磨削技术虽然加工效率高,但无法获得如 CMP、EEM 的加工精度。探索能兼顾效率与精度的加工方法,成为超精密加工领域研究人员的目标。半固着磨粒加工方法的出现即体现了这一趋势,也意味着电解磁力研磨、磁流变磨料流加工等复合加工方法的诞生。

**2. 工艺整合化**

当今企业竞争趋于白热化,高生产率越来越成为企业赖以生存的条件。在这样的背景下,出现了"以磨代研"甚至"以磨代抛"的呼声。同时,使用一台设备完成多种加工(如车削、钻削、铣削、磨削、光整)的趋势越来越明显。

**3. 大型化、微型化**

为加工航空、航天、宇航等领域的大型光电子器件(如大型天体望远镜上的反射镜),需要建立大型超精密加工设备。为加工微型电子机械、光电信息等领域的微型元器件(如微型传感器、微型驱动元件等),需要微型超精密加工设备(但这并不是说加工微小型工件一定需要微小型加工设备)。

**4. 在线检测**

尽管现在超精密加工方法多种多样,但都尚未发展成熟。例如,虽然 CMP 等加工方法已成功应用于工业生产,但其加工机理尚未明确。主要原因之一是超精密加工检测技术还不完善,特别是在线检测技术。从实际生产角度讲,开发加工精度在线检测技术是保证产品质量和提高生产率的重要手段。

**5. 智能化**

超精密加工中的工艺过程控制策略与控制方法也是目前的研究热点之一。以智能化设备降低加工结果对人工经验的依赖性一直是制造领域追求的目标。加工设备的智能化程度直接关系到加工的稳定性与加工效率,这一点在超精密加工中体现得更为明显。目前,即使是超精密半导体制造工厂,生产过程中部分操作依然由工人在现场手工完成。

**6. 绿色化**

磨料加工是超精密加工的主要手段,磨料本身的制造、磨料在加工中的消耗、加工中形成的能源及材料的消耗,以及加工中大量使用的加工液等给环境造成了极大的负担。我国是磨料、磨具产量及消耗的第一大国,大幅提高磨料加工的绿色化程度已成为当务之急。发达国家及我国台湾地区均对半导体生产厂家的废液、废气排量及标准实施严格管制。为此,世界各地的研究人员对 CMP 加工产生的废液、废气回收处理展开了研究。绿色化的超精密加工技术在降低环境负担的同时,也提高了自身的生命力。

**7. 超精密加工技术向超精密制造技术发展**

超精密加工技术以前往往是用在零件的最终工序或者某几个工序中,但目前一些领域的某些零部件在整个制造过程或整个产品的研制过程中都要用到超精密技术,包括超精密加工、超精密装配调试及超精密检测等,最典型的例子就是美国国家点火装置(NIF)。为了解决人类的能源危机,各国都在研究新的能源技术,其中氘、氚的聚变反应产生巨大能源,是可供利用的,而且不产生任何放射性污染,这就是美国国家点火装置得以建造的原因。我国也开始了这方面的研究,被称为"神光"工程。NIF 整个系统约有两个足球场大小,共有 192 束强激光进入直径 10 m 的靶室,最终将能量集中在直径为 2 mm 的靶丸上。这就要求有数量极多的激光反射镜(7000 多片),其精度和表面粗糙度要求极高(否则强激光会烧毁镜片),传输路径调试安装精度要求极高,工作环境控制要求极高。对于直径为 $2\ \mathrm{mm}$ 的靶丸,壁厚仅为 $160\ \mu\mathrm{m}$,其中充气小孔的直径为 $5\ \mu\mathrm{m}$ 并带有一直径为 $12\ \mu\mathrm{m}$、深 $4\ \mu\mathrm{m}$ 的沉孔。微孔加工的困难在于其深径比大、变截面,可采用放电加工、飞秒激光加工、聚焦离子束加工等工艺,或采用原子力显微镜进行超精密加工。系统各路激光的空间几何位置对称性误差要求小于 1‰,激光能量强度一致性误差小于 1‰等。如此复杂的高精度系统无论是组成的零部件加工,还是装配调试过程,时刻都体现了超精密制造技术。

# 复习思考题

1. 试述先进制造技术所包括的领域和范畴。
2. 试述先进制造技术的体系结构。
3. 试述精密与超精密加工在国民经济中的地位和作用。
4. 谈谈精密与超精密加工的现状及发展趋势。
5. 现有哪些精密与超精密加工方法?

# 思政小课堂

　　**机械发明家:马钧**　马钧,钧有器具的模型之义,字德衡,三国时期魏国扶风(今陕西省兴平市)人,生活在东汉末年这个时期,生卒年不详。他是我国古代知名的精密零部件制造机械大师之一,尤其对齿轮等机械传动的零部件制造有很深的造诣,当时的人们对他评价很高,称他为"天下之名巧"。他运用差动齿轮的构造原理,制成了指南车;应用齿轮的原理,制作龙骨水车,能提水,还能在雨涝的时候向外排水;他研制了新式织绫机,简单实用,而且生产效率也比原来的提高了四五倍,织出的提花绫锦,花纹图案奇特,花形变化多端。马钧的发明创造受到了广大劳动人民的欢迎,几千年来,他的功绩和美名一直被劳动人民所传颂。

# 第2章 精密与超精密加工机床及关键部件

## 2.1 典型超精密加工机床

超精密加工机床的研制开发始于20世纪50年代末,是精密与超精密加工最重要、最基本的加工设备。精密与超精密加工对超精密加工机床的基本要求如下。

(1)高精度:包括高的静精度和动精度,主要性能指标有几何精度、定位精度、重复定位精度,以及分辨力等。

(2)高刚度:包括高的静刚度和动刚度。除本身刚度外,还要考虑接触刚度及由工件机床、刀具、夹具所组成的工艺系统的工作刚度。

(3)高稳定性:在规定的工作环境下和使用过程中能长时间保持精度,具有良好的耐磨性、抗振性等。

(4)自动化程度高:为了保证加工质量的一致性,减少人为因素的影响,超精密加工机床采用高精密数控系统实现自动化。

下面分别介绍美国、英国、德国、日本和我国的一些典型的、有代表性的超精密加工机床,以便更好地了解世界和我国的精密与超精密加工技术,以及超精密加工机床的发展。

### 2.1.1 美国的典型超精密加工机床

美国是世界上开发研制超精密加工机床最早、发展过程最完整、目前发展水平最高的国家。世界上典型的超精密加工机床也多以美国的超精密加工机床为主。

**1. Union Carbide 公司的半球车床**

1962年,美国Union Carbide(联合碳化物)公司成功研制出了最早期的使用金刚石刀具实现超精密镜面切削的半球车床,即所谓的1号车床。车床结构如图2-1所示。

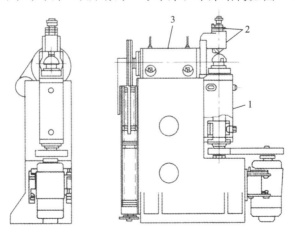

**图2-1 半球车床(1号车床)**

1—工作主轴;2—刀具头架;3—刀具头架主轴

该车床采用了空气轴承主轴的结构,其回转精度都能达到 0.125 μm。

这种车床能加工 Sϕ100 mm 的半球,尺寸的极限偏差可达到±0.6 μm,表面粗糙度值 Ra 可达 0.025 μm。

**2. Moore Nanotechnology System 的 Moore 车床**

1968 年,Moore Nanotechnology System 公司成功研制出了可用于各种非球曲面镜面加工的"Moore"车床,率先开发出了刀具法向成形(tool-normal contouring)加工模式(见图2-2)。它将刀架安装在回转 B 轴上,通过三坐标精密数控装置对 X、Z、B 轴同时进行控制,使刀具在车削过程中始终保持刀尖与工件曲面的法线重合,一次完成整个镜面的车削。

图 2-3 所示为 Moore Nanotechnology System 公司的 450UPL 型超精密加工车床的外观。该车床采用卧式主轴,三坐标精密数控的分辨力为 0.01 μm,双坐标双频激光测量系统对工作台移动位置进行测量及反馈,加工平面镜时平面度公差达 0.002 μm,加工曲面镜时的面轮廓度公差达 0.003 μm。

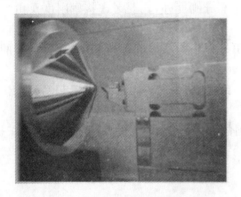

图 2-2　"Moore"车床的刀具法向成形加工　　　图 2-3　450UPL 型超精密加工车床

**3. 大型超精密金刚石车床——DTM-3**

1983 年 7 月,在美国能源部的支持下,LLNL(Lawrence Livermore National Laboratory,劳伦斯利弗莫尔国家实验室)和 Union Carbide 公司的 Y-12 工厂联合开发,成功研制出大型超精密金刚石车床 DTM-3 型(3 号机床),如图 2-4 所示,用于加工激光核聚变用各种金属反射镜、红外装置用零件、大型天体望远镜(包括 X 射线天体望远镜)等。

该车床为卧式结构,最大加工直径为 ϕ2100 mm。其主轴采用液体静压径向轴承、空气静压止推轴承,柔性连接驱动方式将交流变频电动机直接安装在地基台面上进行驱动。

其 X 轴的导轨采用 V-平面液体静压导轨,Z 轴的导轨采用平面空气静压导轨,由直流电动机与使用静压轴承的 ϕ50 mm 的驱动轮摩擦连接驱动。其频带宽 10 Hz,最大进给量为 2.5 mm/s,使用波纹管进行负荷补偿,采用刀具微位移机构进行误差修正。

它具备独立的测量基准,长距离测量在真空中用 He-Ne 激光干涉仪(分辨力为 2.5 nm),短距离测量用差动式电容测微仪(分辨力为 0.625 nm)。

机床底座使用 6.4 m×4.6 m×1.5 m 的花岗岩。花岗岩的线胀系数小,稳定性好,对振动的衰减能力比钢高 15 倍。

图 2-5 所示为大型超精密金刚石车床 DTM-3 正在进行切削加工的现场。

**4. 大型光学金刚石车床——LODTM**

LODTM(large optical diamond turning machine)是由美国 DARPA (Defense Advanced

图 2-4　DTM-3 型车床的外观图

Research Projects Agency,国防部高级研究计划局)投资,LLNL 和美国空军 Wright(莱特)航空研究所等单位合作研制,加工光学零件的大型光学金刚石车床。

该车床于 1980 年 3 月开始研制,到 1983 年 7 月初步制成,历时 40 个月,用于加工大型金属反光镜。其外观如图 2-6 所示,结构特点如下。

图 2-5　DTM-3 车床切削加工现场图　　　　　图 2-6　大型光学金刚石车床——LODTM

（1）采用立式结构,以利于采用面积较大的止推轴承,减少因工件质量产生的变形,提高机床的轴向刚度,如图 2-7 所示。

（2）机床主轴采用液体静压的径向轴承和止推轴承,并采用柔性连接驱动方式,保证主轴有较高的回转精度。

（3）$X$ 轴的导轨采用 V-平面液体静压导轨,$Z$ 轴的导轨采用平面空气静压导轨,以保证其直线运动精度。

（4）采用 4 个大空气弹簧作为机床的支承,且其中两个空气弹簧的气室相连通,形成三点定位的支承系统。

（5）使用快速电致伸缩式微量进给装置 FTS(fast tool servo,快速刀具伺服)。该装置与机床的控制系统相连接,形成闭环控制系统,可用于误差补偿。

（6）采用 7 个高分辨力双频 He-Ne 激光干涉仪完成大行程的在线检测。其中,4 个用于检测横梁上溜板的运动($X$ 轴方向),3 个用于检测刀架的上下运动($Z$ 轴方向)。

（7）各发热部件采用大量恒温水冷却，水温控制在（20±0.0005）℃内。

（8）机床采用大地基，周围设有防振沟，且恒温水泵入储水罐后靠重力流到机床需要冷却的部位，以消除振动。

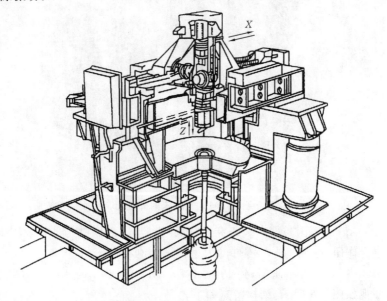

图 2-7　大型光学金刚石车床的结构

### 2.1.2　德国的典型超精密加工机床

德国是机械制造强国，在精密与超精密加工领域也不甘落后。

**1. Ⅲ-B 型立式车床**

1976 年，EX-CELL-O（爱克赛罗）公司成功开发出了用于加工直径达 2 m 的金属反光镜的Ⅲ-B 型立式镜面车床。该车床采用垂直轴空气静压轴承工作台结构（见图 2-8），其径向圆跳动公差为 0.1～0.13 $\mu$m，轴向圆跳动公差为 0.15～0.18 $\mu$m，以 2000 r/min 的转速运转 8 h 的温升在 5.6 ℃以内。

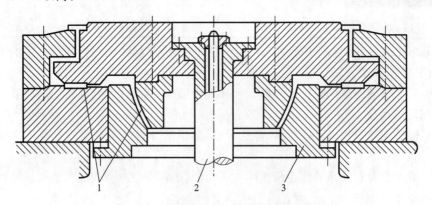

图 2-8　垂直轴空气静压轴承工作台结构

1—多孔石墨轴衬；2—驱动轴；3—半球形衬套

**2. Pyramid Nano 机床**

德国 KERN（科恩）公司的 Pyramid Nano（金字塔纳米型）机床（见图 2-9），采用了 KERN

公司专有的 Armorith 人造花岗岩材料。与球墨铸铁相比,Armorith 材料的阻尼性能高 10 倍,热导率低 50％,线胀系数也较小。稳定的温度及振动阻尼基座使 Pyramid Nano 机床可以加工出表面粗糙度数值非常小的表面。此外,Armorith 材料有非常高的密度,2 t 重的机身仅占 2.5 $m^2$ 车间面积。

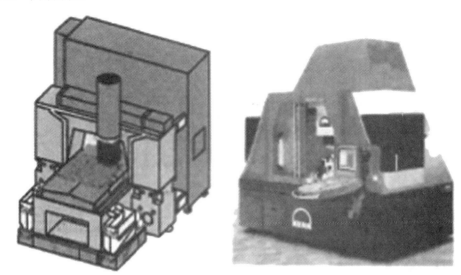

图 2-9　德国 KERN 公司的 Pyramid Nano 机床

### 3. FG-001 超精密加工机床

德国的 FG-001 超精密加工机床(见图 2-10)可实现纳米级的非球曲面加工。

图 2-10　FG-001 超精密加工机床

### 2.1.3　英国的典型超精密加工机床

英国也是研制超精密加工机床最早的国家之一。1911 年,克兰菲尔德大学精密工程研究所(Cranfield Unit for Precision Engineering,简称 CUPE)成功研制出 OAGM 2500 大型超精密机床(见图 2-11),用于 X 射线天体望远镜大型曲面反射镜的精密磨削和坐标测量。该机床与 DTM-3 和 LODTM 一起被公认为当时世界水平最高的超精密机床。

该机床有高精度回转工作台,由精密数控系统驱动,导轨采用液体静压,磨头主轴和测头采用空气静压轴承,床身结构刚度高,尺寸高度稳定,有很强的振动衰减能力。

**图 2-11　OAGM 2500 大型超精密加工机床**

## 2.1.4　日本的典型超精密加工机床

日本开发的超精密加工机床主要用于加工民用产品所需的透镜和反射镜。日本制造的典型超精密加工机床有东芝机械研制的 ULP-100A(H)，不二越公司的 ASP-L15，丰田工机的 AHN10、AHN30×25、AHN60-3D 非球面加工机床，等等。

图 2-12 所示为 AHN10 型高效专用超精密机床加工模具零件的示意图。它的主轴由空气静压轴承支承，刀架设计成滑板结构，由气动涡轮驱动的砂轮轴转速为 100000 r/min，采用激光测量反馈系统，直线移动分辨力为 0.01 $\mu$m，全行程定位精度为 0.03 $\mu$m，B 轴回转分辨力为 1.3″。该机床加工的模具形状精度为 0.05 $\mu$m，表面粗糙度 $Ra$ 为 0.025 $\mu$m。

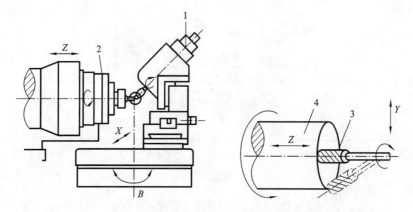

**图 2-12　AHN10 型高效专用超精密机床加工模具零件的示意图**
1—砂轮主轴；2—工件主轴；3—砂轮；4—工件

## 2.1.5　中国的典型超精密加工机床

超精密加工设备的研制目前在国内还处于起步阶段，但已经成功研制出回转精度达 0.025 $\mu$m 的超精密轴系，并已装备到超精密车床和超精密铣床中，解决了长期以来国外技术封锁给超精密加工机床的研制带来的巨大困难。

在超精密加工设备及超精密加工工艺技术等方面，北京工研精机股份有限公司、哈尔滨工业大学精密工程研究所、北京航空精密机械研究所等单位各有特点,另外还有中国科学院长春光学精密机械与物理研究所、华中科技大学、沈阳第一机床厂、成都工具研究所、国防科技大学等都进行了这一领域的研究,且成绩显著。

### 1. Nanosys-300 非球曲面超精密复合加工系统

北京航空精密机械研究所研制的 Nanosys-300 非球曲面超精密复合加工系统(见图 2-13)具有 CNC(computer numerical control,计算机数控)车削、磨削、铣削等多种加工功能,可对球面、非球面等形状零件进行纳米级超精密镜面加工。该系统采用工控 PC(personal computer,个人计算机)为平台、多轴运动控制器为核心的高性能开放式数控系统,主要包括纳米级坐标测量与伺服控制系统,超精密、高速空气静压主轴系统,超精密、高刚性、高阻尼闭式液体静压导轨系统,超精密、高速、高刚性空气静压磨头系统,喷雾、吸屑系统,气浮减振调平系统,在位对刀和工件检测系统,以及 ELID(electrolytic in-process dressing,在线电解砂轮修整)金刚石砂轮修整、延性磨削系统等单元。

图 2-14 和图 2-15 所示为加工状态下的 Nanosys-300 非球曲面超精密复合加工系统。

图 2-13　Nanosys-300 非球曲面超精密
复合加工系统外观图

图 2-14　加工状态下的 Nanosys-300 非球
曲面超精密复合加工系统 1

### 2. SQUARE 超精密光学镜面铣床

SQUARE-80/200/300 超精密光学镜面铣床是北京工研精机股份有限公司生产的产品,其外观如图 2-16 所示,特点如下。

图 2-15　加工状态下的 Nanosys-300 非球
曲面超精密复合加工系统 2

图 2-16　SQUARE-80/200/300 超
精密光学镜面铣床外观

（1）主轴及工作台均采用空气静压轴承，几何精度高，运动灵敏、平稳。

（2）采用专门可靠的传动机构，保证使用良好。

（3）结构符合人机工程学原理，方便对刀及操作。

（4）机床具备较强的扩展功能，用户可根据需要订购，还可以增补如下功能：

① 选配专用数控系统，完成纳米级运动；

② 选配高精度分度工作台，完成多面体棱镜加工；

③ 选配专用镗刀及夹具，完成固定孔位的内孔高精度镗削加工；

④ 选配专用的微调刀架，可以完成车削加工。

**3. SPHERE200 超精密球面镜加工机床**

北京机床研究所有限公司（简称北京机床所）研制的 SPHERE200 超精密球面镜加工机床如图 2-17 所示。该机床的特点如下。

（1）采用超精密气体静压主轴及回转工作台。

（2）采用超高精度气动卡盘结构，保证批量加工的快速、高精度定位。

（3）可加工高精度球面镜，也可进行平面及圆柱表面的镜面加工。

（4）采用固定式多刀结构，换刀精确、快速。

（5）采用全闭环溜板结构，可精确检测每把刀具及回转工作台的中心位置。

（6）主轴带位置检测，可加工螺纹，$C$ 轴可选。

（7）主轴卡盘可更换，满足多种工件加工要求。

（8）床身及溜板特殊结构设计，具有良好的精度保持及减振特性。

图 2-17　SPHERE200 超精密球面镜加工机床

**4. NANO-TM500 超精密纳米级精度车铣复合加工机床**

北京机床所研制的 NANO-TM500 超精密纳米级精度车铣复合加工机床如图 2-18 所示，主要用于光学平面、球面及非球面零件的超精密加工。加工零件包括光学零件模具、微机电系统（MEMS）技术零件、菲涅尔镜片模具、激光反射镜、太阳能镜片等。

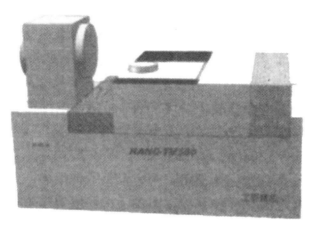

图 2-18　NANO-TM500 超精密纳米级精度车铣复合加工机床

该机床的性能特点如下。

（1）运动控制的精度高，可实现纳米插补。

（2）加工应用范围较广，通过车削和铣削加工，可以实现多种不同类型工件的高精度加工，工件的回转范围也比较大。

（3）机床结构与工艺结合紧密。在该机床的结构设计中充分考虑了机床加工的工艺性及应用。

（4）机床可实现加工、检测一体化。

该机床的结构特点如下。

（1）机床溜板采用直线电动机对称双驱动结构，具有纳米级运动分辨力。

（2）机床回转工作台采用空气静压轴承、高分辨力伺服单元直接驱动结构。

（3）机床主轴采用高精度空气静压轴承、整体电主轴结构，带有 Cs 轴功能。

**5．NAM-820 超精密数控车床**

由北京机床所研制的 NAM-820 超精密数控车床如图 2-19 所示。它具有车削、铣削加工功能，可以精密加工各种平面、球面、非球曲面、多面体等。

图 2-19　NAM-820 超精密数控车床

它采用具有自主知识产权、获得国家科技进步奖一等奖的超精密气体静压主轴，确保超高的回转精度。其 X 轴、Z 轴采用高精度气体静压导轨，确保运动的直线性和平稳性。它采用高精度双频激光干涉仪作为位置反馈元件，确保高精度运动定位。

**6. GCK-1502 高精度 OPC 鼓基数控车床**

由北京机床所研制的 GCK-1502 高精度 OPC 鼓基数控车床如图 2-20 所示。该车床专门用于各种硒鼓、OPC 鼓(有机光导鼓)的高精度切削加工,具有加工精度高、加工效率高、操作简单方便、可靠性高等特点。

该机床采用双主轴电动机同步驱动双主轴形式,主轴为空气静压结构,主轴经动平衡,转速最高可达 5000 r/min。其左主轴箱固定,右主轴箱由伺服电动机拖动沿 Z 轴导轨滑动,以适应不同规格的鼓基加工。X 向及 Z 向导轨均采用日本贴塑导轨,阻尼减振性好,精度高,寿命长,移动平稳。

该机床各伺服轴传动均采用高精度滚珠丝杠副。其双主轴轴端配装专用夹具,根据鼓基规格不同可快速更换相应夹具,可以提供直径为 24 mm、30 mm、50 mm、60 mm 的夹具。夹具工作动力为压缩空气。其切削刀架采用刀片定位及微调结构,更换及调整刀片方便。它采用喷油雾冷却方式,由间歇润滑泵润滑导轨,配有大容量独立排屑吸尘器。

**7. 亚微米超精密车床**

亚微米超精密车床是由哈尔滨工业大学精密工程研究所研制的数控超精密金刚石机床,如图 2-21 所示,其主要参数如下。

主轴回转精度:0.05 $\mu$m。

导轨直线度:0.2 $\mu$m/200 mm。

恒温油温控制精度:0.004 ℃。

微量进给精度:0.05 $\mu$m。

加工零件尺寸形状误差≤0.2 $\mu$m,表面粗糙度 $Ra$ 为 0.02 $\mu$m。

图 2-20　GCK-1502 高精度 OPC 鼓基数控车床　　　　图 2-21　亚微米超精密车床

# 2.2　超精密加工机床主轴部件

主轴部件是保证超精密加工机床加工精度的核心。超精密加工对主轴的要求是极高的回转精度、转动平稳、无振动,而满足该要求的关键在于所用的精密轴承。早期的精密主轴采用超精密级的滚动轴承,现在多采用液体静压轴承和空气静压轴承。

## 2.2.1　液体静压轴承

图 2-22 所示为液体静压轴承,它具有回转精度高(0.1 $\mu$m)、刚度较高、转动平稳、无振动的特点,因此被广泛用于超精密加工机床。

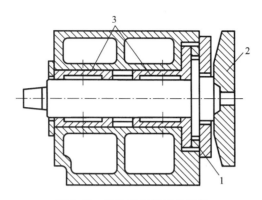

**图 2-22　液体静压轴承的结构**

1—止推轴承；2—真空吸盘；3—径向轴承

液体静压轴承的主要缺点如下。

（1）液体静压轴承的油温随着转速的升高而升高，而温度升高将造成热变形，影响主轴精度。

（2）静压油回流时将空气带入油源，形成微小气泡悬浮在油中，不易排出，因而降低了液体静压轴承的刚度和动特性。

### 2.2.2　空气静压轴承

空气静压轴承的工作原理与液体静压轴承相同。空气静压轴承具有很高的回转精度，在高速转动时温升甚小，基本达到恒温状态，因此造成的热变形误差很小。与液体静压轴承相比，空气静压轴承刚度低，承受的载荷较小。但由于超精密加工切削力很小，因此空气静压轴承可以满足相关要求。

以下是几种典型的空气静压轴承的结构。

（1）双半球空气静压轴承主轴。如图 2-23 所示，该主轴前后轴承均为半球状，同时起径向轴承和止推轴承的作用。由于轴承的球形气浮面具有自动调心作用，因此可以提高前、后轴承的同心度，以提高主轴的回转精度。

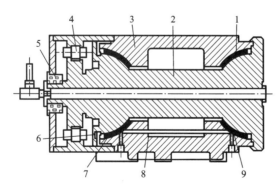

**图 2-23　内装式双半球空气静压轴承同轴电动机驱动主轴**

1—多孔石墨；2—轴；3—外壳；4—无刷电动机；5—旋转变压器；6—定位环；7—后轴承；8—供气孔；9—前轴承

（2）径向-止推空气静压轴承主轴。如图 2-24 所示，该结构是在液体静压轴承主轴的基础上发展起来的，只是节流孔和气腔大小形状不同。该结构中径向轴承的外鼓形轴套可起自动

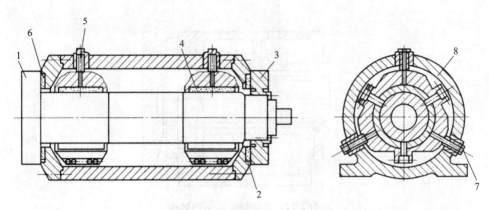

**图 2-24　径向-止推空气静压轴承主轴**

1—主轴；2—后止推板；3—挠性止推环；4—多孔石墨轴衬；5—进气孔；6—前止推板；7—调节螺钉；8—外壳体

调整定心作用，具体调整方法是先通气使轴套自动将位置调好后再固定，这样可提高前、后轴套的同心度。

（3）球形-径向空气静压轴承主轴。如图 2-25 所示，这种结构的球形主轴前端同时起到径向轴承和止推轴承的作用，并具有自动调心功能，保证了前、后轴承的同心度。

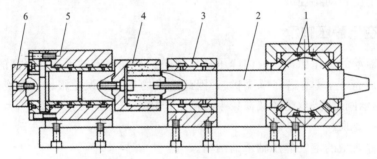

**图 2-25　球形-径向空气静压轴承主轴**

1—球轴承；2—主轴；3—径向轴承；4—电磁联轴器；5—径向止推轴承；6—带轮

（4）立式空气静压轴承主轴。如图 2-8 所示，该结构主要用于大型超精密车床，以保证加工系统具有较高的刚度，且便于零件的装夹。其圆弧面的径向轴承起到自动调心、提高精度的作用。

### 2.2.3　主轴的驱动方式

主轴驱动方式也是影响超精密加工机床主轴回转精度的主要因素之一。超精密加工机床主轴的驱动主要有以下两种方式。

（1）柔性联轴器驱动。如图 2-25 所示，机床主轴和电动机（或带轮）在同一轴线上时，超精密加工机床的主轴通过电磁联轴器或其他柔性联轴器与电动机相连。

（2）内装式同轴电动机驱动。如图 2-23 所示，该驱动形式采用特制的内装式电动机，其转子直接装在机床主轴上，定子装在主轴箱内，电动机本身没有轴承，而是依靠机床的高精度空气静压轴承支承转子的转动。采用无刷直流电动机，可以很方便地进行主轴转速的无级变速，同时由于电动机没有电刷，因此不仅可以消除电刷引起的摩擦振动，而且可以避免电刷磨损对电动机运转的影响。

早期的超精密加工机床应用带传动驱动。在这种驱动方式中,通常采用直流电动机或交流变频电动机,以实现无级调速,避免齿轮调速产生的振动,且要求电动机经过精密动平衡,并用单独地基,以免振动影响超精密加工机床。其传动带用柔软的无接缝的丝质材料制成,以产生吸振效果。

# 2.3　精密导轨部件

## 2.3.1　超精密加工机床的总体布局

超精密加工机床主要用于加工反射镜等盘形零件,一般不需要后顶尖,因此在总体布局上比较简单。常见的超精密加工机床的总体布局有以下几种。

(1) T 形布局,如图 2-26 所示。

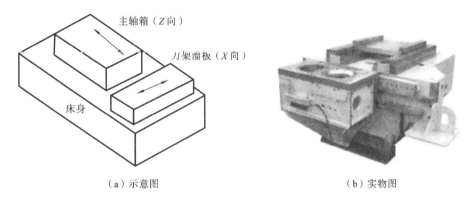

（a）示意图　　　　　　　　　　　（b）实物图

图 2-26　T 形布局

(2) 十字形布局,如图 2-27 所示。

(3) 立式结构布局,如图 2-28 所示。

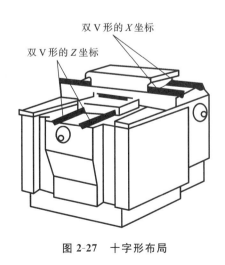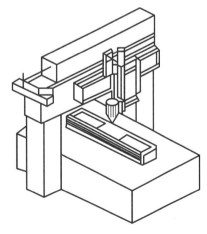

图 2-27　十字形布局　　　　　图 2-28　立式结构布局

(4) $R$-$\theta$ 布局,如图 2-29 所示。

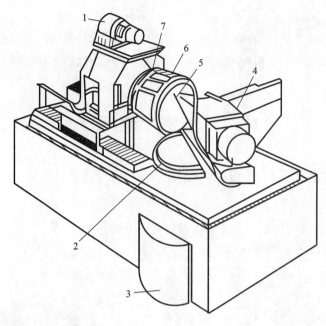

**图 2-29  R-θ 布局**

1—主轴电动机;2—刀座转台;3—气垫罩;4—刀座;5—刀具;6—夹具;7—主轴

### 2.3.2  常用的导轨部件

超精密加工机床常采用平面导轨结构的液体静压导轨和空气静压导轨,也广泛采用滚动导轨。常用的超精密加工机床导轨结构形式有燕尾形、平面形、V-平面形、双 V 形等。

**1. 液体静压导轨**

液体静压导轨具有刚度高、承载能力大、直线运动精度高且运动平稳、无爬行现象等优点。图 2-30(a)所示为平面形液体静压导轨,图 2-30(b)所示为双圆柱形液体静压导轨。

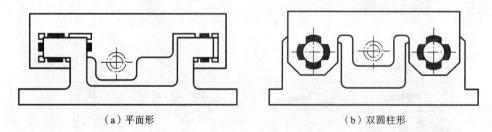

（a）平面形                               （b）双圆柱形

**图 2-30  两种液体静压导轨**

目前很多超精密加工机床的导轨部件都是用花岗岩制造的。由于花岗岩加工困难,一般都不做成整体,而是做成花岗岩石块之后用螺钉紧固在一起,如图 2-31 所示,其中图 2-31(a)所示为三块式,图 2-31(b)所示为两块式。

**2. 空气静压导轨和气浮导轨**

空气静压导轨和气浮导轨可以达到很高的直线运动精度,运动平稳,无爬行,且摩擦系数接近于零,不发热。

1）空气静压导轨

导轨运动件的导轨面上下、左右均在静压空气的约束下,因此和气浮导轨相比,空气静压

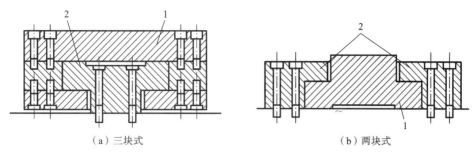

（a）三块式　　　　　　　　　　　　　　（b）两块式

**图 2-31　花岗岩液体静压导轨**

1—运动件；2—床身

导轨的刚度和运动精度较高，但与液体静压导轨相比，则要差一些。空气静压导轨有多种形式，其中平面形导轨用得较多，如图 2-32 所示。常用的静压空气压力为 $4×10^5 \sim 6×10^5$ Pa，气压高于 $6×10^5$ Pa 时容易产生振荡。

2）气浮导轨

使用气浮导轨的必要条件是导轨上的运动部件重量很重且压缩空气的压力非常稳定。气浮导轨（见图 2-33）的刚度较低，且受压缩空气压力波动的影响。

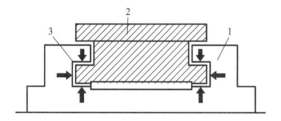

**图 2-32　平面形空气静压导轨**

1—底座；2—移动工作台；3—静压空气

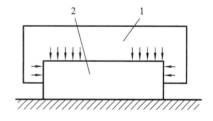

**图 2-33　气浮导轨**

1—运动件；2—床身

### 2.3.3　床身及导轨的材料

超精密加工机床床身结构与所用材料有关。常用的床身及导轨材料有优质耐磨铸铁、花岗岩、人造花岗岩等。几种常用机床材料的性能见表 2-1。

**表 2-1　几种常用机床材料的性能**

| 性　　能 | 材　　料 | | | | | |
|---|---|---|---|---|---|---|
| | $Al_2O_3$ 陶瓷 | 铸铁 | 钢 | 铟钢 | 花岗岩 | 人造花岗岩 |
| 杨氏模量 $E$/GPa | 240 | 100 | 210 | 140 | 40 | 33 |
| 密度 $\rho$/(g/cm³) | 3.4 | 7.3 | 7.3 | 8.2 | 2.6 | 2.5 |
| 刚度比 | 7 | 1.4 | 2.7 | 1.7 | 1.5 | 1.3 |
| 振动的对数减缩率 $\Lambda$（$×10^{-3}$） | 0.6 | 1~3 | 0.5 | — | 6 | 20 |
| 线胀系数 $\alpha_1$（$×10^{-6}$）/K⁻¹ | 7 | 12 | 11 | 0.6 | 8.3 | 12 |
| 热导率 $\lambda$/(W·m⁻¹·K⁻¹) | 16 | 53.5 | 44 | 10.5 | 3.8 | 0.47 |

### 2.3.4　微量进给装置

超精密加工机床的进给系统一般采用精密滚珠丝杠副、液体静压和空气静压丝杠副，而高精度微量进给装置则有电致伸缩式、弹性变形式、机械传动或液压传动式、热变形式、流体膜变形式、磁致伸缩式等。其中电致伸缩式和弹性变形式微量进给机构能够满足精密和超精密微量进给装置的要求，且技术成熟。目前高精度微量进给装置的分辨力可达 $0.001\sim0.01~\mu m$。

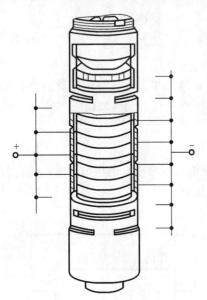

**图 2-34　电致伸缩微量进给装置**

在超精密加工中，为了实现精确、稳定、可靠和快速微位移，精密和超精密微位移机构应满足以下设计要求。

（1）精微进给和粗进给分开，以提高微位移的精度、分辨力和稳定性。

（2）运动部分必须是低摩擦和高稳定度的，以实现很高的重复定位精度。

（3）末级传动元件必须有很高的刚度，即夹持金刚石刀具处须是高刚度的。

（4）内部连接必须可靠，尽量采用整体结构或刚性连接，否则微量进给机构很难实现很高的重复定位精度。

（5）工艺性好，容易制造。

（6）具有好的动特性，即具有高的响应频率。

（7）能实现微进给的自动控制。

**1. 电致伸缩微量进给装置**

电致伸缩微量进给装置如图 2-34 所示。它的三大关键技术在于电致伸缩传感器、微量进给装置的机械结构及其驱动电源。

用电致伸缩传感器制造微量进给机构，可以实现自动微量进给，并且具有良好的动特性，能够实现高刚度无间隙位移和极精细的微量位移，分辨力可达 $1.0\sim2.5~nm$，具有很高的响应频率（响应时间达 $100~\mu s$），且无空耗电流发热问题。

常用的电致伸缩材料为 PZT（锆钛酸铅）压电陶瓷（PbZnO-PbT 陶瓷）等。

**2. 摩擦驱动装置**

图 2-35 所示为双摩擦轮摩擦驱动装置，它的两个摩擦轮均由静压轴承支承，可以无摩擦转动。图 2-36 所示为单摩擦轮摩擦驱动装置，它的一个摩擦轮与电动机相连，带动驱动杆，驱动杆的下面为气浮导轨面，由空气压力将驱动杆压紧在摩擦轮上。

设计摩擦驱动装置需要解决以下两个结构问题。

（1）摩擦轮直径问题。即下摩擦轮直径必须很小，才能满足驱动杆运动速度极慢的要求。

（2）两个摩擦轮的支承问题。若都用静压轴承支承，则结构设计有很大难度；若摩擦轮用滚动轴承支承，则滚动轴承有摩擦，将导致摩擦驱动装置的平稳性降低。

**3. 机械结构弹性变形微量进给装置**

机械结构弹性变形微量进给装置具有工作稳定可靠、精度重复性好的特点，适用于手动操作。图 2-37 所示双 T 形弹性变形微量进给装置的分辨力可达 $0.01~\mu m$，输出位移方向的静刚度为 $70~N/\mu m$，重复定位精度为 $0.02~\mu m$，最大输出位移为 $20~\mu m$。

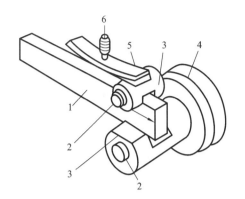

图 2-35 双摩擦轮摩擦驱动装置

1—驱动杆;2—摩擦轮;3—静压轴承;
4—驱动电动机;5—弹簧压板;6—弹簧压块

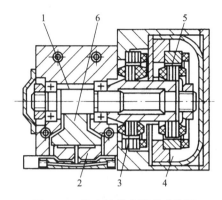

图 2-36 单摩擦轮摩擦驱动装置

1—摩擦轮;2—静压支撑座;3—电动机;
4—压盖;5—测角系统;6—驱动杆

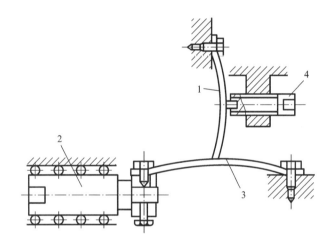

图 2-37 双 T 形弹性变形微量进给装置

1,3—T 形弹簧;2—微位移刀夹;4—驱动螺钉

# 复习思考题

1. 试述超精密加工对超精密加工机床的基本要求。
2. 试述典型的超精密加工机床中的典型技术。
3. 试述超精密加工机床中的关键部件。
4. 谈谈我国超精密加工机床的现状及发展趋势。
5. 叙述液体静压轴承与空气静压轴承各自的特点。
6. 超精密加工机床为什么多采用花岗岩作为床身材料?
7. 如何提高超精密加工机床的抗振动能力?
8. 超精密加工机床中是怎样使用微量进给装置的?
9. 超精密加工机床中为什么要采用 $R\text{-}\theta$ 布局方式?

# 思政小课堂

　　**i5 系列智能机床**　机床行业素有"工业母机"之称,决定着一个国家装备制造行业的整体水平。然而,从 20 世纪末,机床行业进入数控机床时代以来,中国机床一直缺少自己的数字控制系统,机床智能化更是无从谈起。为了实现这一夙愿,沈阳机床人走上了寂寞又漫长的数控系统核心技术研发之路。2007 年 10 月,沈阳机床的数控研发中心在上海同济大学正式成立。数控系统的研发投资巨大,数控系统涉及多领域技术,一切几乎从零开始。在连续 5 年、累计投入资金逾 11 亿元攻坚研发之后,2012 年,标刻着沈阳机床标志的世界首套具有网络智能功能的 i5 数控系统诞生了。2014 年 2 月举办的中国数控机床展览会上,具有自主知识产权 i5 系列智能机床全球首发并启动批量生产,完全可以与采用国外系统的同类五轴机床比肩。身处千里之外的管理人员只要将手指在计算机或手机上轻轻点滑,就可以向 i5 智能机床下达指令。智能制造让"指尖上的工厂"从想象走进现实。作为工业化、信息化、网络化、智能化、集成化的有效集成,i5 智能系统开启了沈阳机床发展的新纪元,为沈阳机床进军高端市场提供了重要基础。沈阳机床参加德国汉诺威消费电子、信息及通信技术博览会(CEBIT)和中国国际机床展览会(CIMT),把智能机床和以此为基础打造的"i 平台"推向全世界。沈阳机床集团 i5 系列智能机床打破了中国机床产业智能制造的沉寂。

# 第3章 精密与超精密切削加工

精密与超精密切削加工是 20 世纪 60 年代发展起来的新技术,它在国防和尖端技术的发展中起着重要的作用。精密切削加工特别是超精密切削加工可以代替研磨等很费时的手工精加工工序,不仅可以节省时间,还可以提高加工精度和加工表面质量,现已经受到各国的高度重视并取得了一定的发展。

用金刚石刀具进行精密、超精密切削,可加工铝合金、无氧铜、黄铜等非铁金属材料和某些非金属材料,在符合条件的机床和环境条件下,可以得到超光滑的表面,表面粗糙度 $Ra$ 可达 $0.02 \sim 0.005~\mu m$,尺寸误差 $< 0.01~\mu m$。

## 3.1 金刚石刀具

### 3.1.1 概述

现在精密与超精密切削加工主要采用精密的单晶金刚石刀具,可以加工陀螺仪、激光反射镜、天文望远镜的反射镜、红外反射镜、红外透镜、雷达的波导管内腔、计算机磁盘、激光打印机的多面棱镜、录像机的磁头、复印机的硒鼓、菲涅尔透镜等。

图 3-1 所示为精密与超精密切削加工的产品,其中,图 3-1(a)、图 3-1(b)和图 3-1(c)所示为我国精密、超精密切削加工的产品,图 3-1(d)所示为美国国家航空航天局官员正在检视产品,图 3-1(e)所示为美国 LLNL 的大型光学金刚石车床——LODTM 切削的首件非球曲面反射镜。

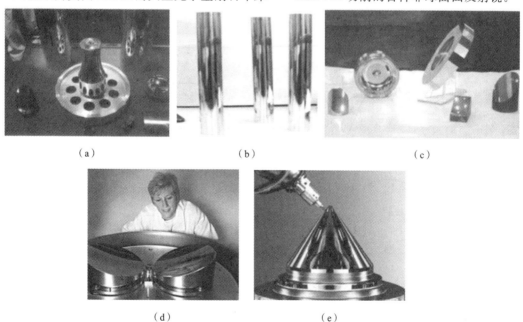

(a)　　　　　　　　(b)　　　　　　　　(c)

(d)　　　　　　　　(e)

**图 3-1　精密与超精密切削加工的产品**

**1. 衡量金刚石刀具质量的标准**

(1) 能否加工出高质量的超光滑表面($Ra=0.02\sim0.005~\mu m$)。

(2) 能否有较长的切削时间保持切削刃锋锐(一般要求切削长度为数百千米)。

**2. 设计金刚石刀具时最主要的问题**

(1) 确定切削部分的几何形状。

(2) 选择合适的晶面作为刀具的前、后面。

(3) 确定金刚石在刀具上的固定方法和刀具结构。

### 3.1.2 金刚石刀具切削部分的几何形状

**1. 刀头形式**

金刚石刀具刀头一般采用在主切削刃和副切削刃之间加过渡刃——修光刃的形式,以对加工表面起修光作用,获得好的加工表面质量。若采用主切削刃与副切削刃相交为一点的尖锐刀尖,则刀尖不仅容易崩刃和磨损,而且还易在加工表面上留下加工痕迹,从而增大表面粗糙度数值。

修光刃有小圆弧修光刃、直线修光刃和圆弧修光刃之分,国内多采用直线修光刃。这种修光刃制造研磨简单,但要求对刀良好。国外标准的金刚石刀具,推荐的修光刃圆弧半径 $R=0.5\sim3~mm$。采用圆弧修光刃时,对刀容易,使用方便,但刀具制造、研磨困难,因此其价格也高。

金刚石刀具的主偏角一般为 $30°\sim90°$,以 $45°$ 主偏角应用最为广泛。

金刚石刀具的刀头形式如图 3-2 所示,但一般不采用图 3-2(a)所示的形式。

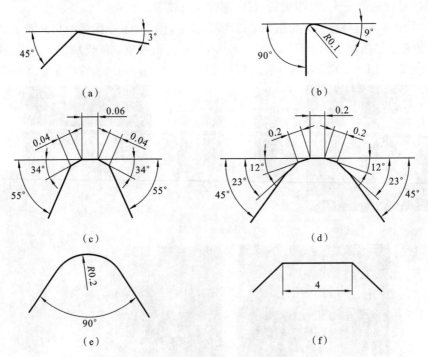

图 3-2 金刚石刀具的刀头形式

**2. 前角和后角**

根据加工材料不同,金刚石刀具的前角可取 $0°\sim5°$,后角一般取 $5°\sim6°$。因为金刚石为脆性材料,在保证获得较小的加工表面粗糙度数值的前提下,为提高切削刃的强度,应采用较大的刀具楔角 $\beta$,所以宜取较小的刀具前角和后角。但增大金刚石刀具的后角,减少刀具后面和加工表面的摩擦,可减小表面粗糙度数值,所以加工球面和非球曲面的圆弧修光刃刀具,常取后角为 10°。美国 EI Contour 精密刀具公司生产的标准金刚石车刀结构如图 3-3 所示。该车刀采用圆弧修光刃,修光刃圆弧半径 $R=0.5\sim1.5$ mm,后角为 10°,刀具前角可根据加工材料由用户选定。

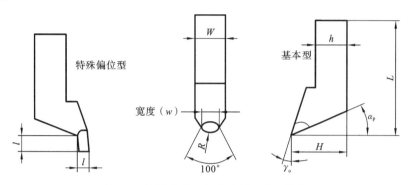

图 3-3 圆弧修光刃标准金刚石车刀结构

　　一种可用于车削铝合金、铜、黄铜的通用金刚石车刀的结构如图 3-4 所示,用它加工零件,可获得表面粗糙度 $Ra$ 为 $0.02\sim0.005$ $\mu$m 的表面。

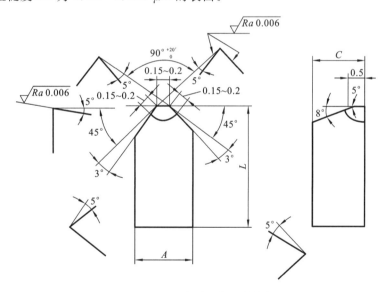

图 3-4 通用金刚石车刀的结构

### 3.1.3 晶面的选择

　　单晶金刚石属于立方晶系。规整的单晶金刚石晶体有八面体、十二面体和六面体,都有三个主要的晶面——(100)、(110)、(111)且各向异性,因此必须选择合适的晶面作为金刚石刀具的前、后面。

　　六面体的(111)晶面如图 3-5 所示,八面体的三个主要晶面如图 3-6 所示。

　　由于金刚石晶体每个晶面上原子排列形式和原子密度的不同,以及晶面之间距离的不同,

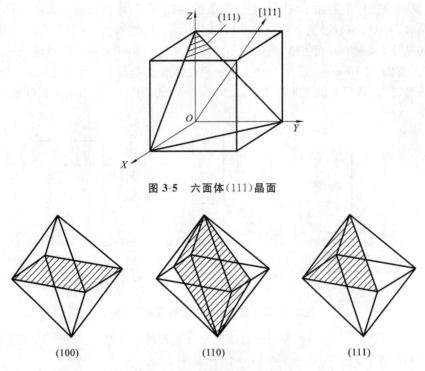

图 3-5　六面体(111)晶面

（100）　　　　　（110）　　　　　（111）

图 3-6　八面体的三个主要晶面

造成天然金刚石晶体的各向异性,因此金刚石不仅各晶面表现的物理力学性能不同,其制造难易程度和使用寿命也不相同,各晶面的微观破损强度也有明显差别。

　　当作用应力相同时,(110)晶面的破损概率最大,(111)晶面次之,(100)晶面产生破损的概率最小。即在外力作用下,(110)晶面最易破损,(111)晶面次之,(100)晶面最不易破损。尽管(110)晶面的磨削率高于(100)晶面,但实验结果表明,(100)晶面较其他晶面具有更高的抗应力、腐蚀和热退化能力。结合微观强度综合考虑,用(100)晶面做刀具的前、后面,容易刃磨出高质量的刀具刃口,不易产生微观崩刃。

　　通常应根据刀具的要求来进行单晶金刚石刀具晶面的选择。一般来说,如果要求金刚石刀具获得最高的强度,应选用(100)晶面作为刀具的前、后面;如果要求金刚石刀具耐机械磨损,则选用(110)晶面作为刀具的前、后面;如果要求金刚石刀具耐化学腐蚀,则宜采用(110)晶面作为刀具的前面,(100)晶面作为刀具的后面,或者前、后面都采用(100)晶面。这些要求都需要借助晶体定向技术来实现。

　　目前国内制造金刚石刀具,一般前面和后面都采用(110)晶面或者和(110)晶面相近的面[±(3°～5°)]。这主要是从金刚石的这两个晶面易于研磨加工的角度考虑的,而未考虑对金刚石刀具的使用性能和刀具寿命的影响。

### 3.1.4　金刚石刀具上的金刚石的固定方法

**1. 机械夹固**

　　将金刚石的底面和加压面磨平,用压板加压固定在小刀头上,如图 3-7 所示。此法需要较大颗粒的金刚石。

图 3-7　机械夹固金刚石刀具

**2. 用粉末冶金法固定**

将金刚石放在合金粉末中,经加压在真空中烧结,使金刚石固定在小刀头内,如图 3-8 所示。此法可使用较小颗粒的金刚石,较为经济,因此目前国际上多采用此方法。

图 3-8　粉末冶金金刚石刀具

**3. 使用黏结剂或钎焊固定**

使用无机黏结剂或其他黏结剂固定金刚石,粘接强度有限,金刚石容易脱落。钎焊固定是一种好办法,但技术不易掌握。

国内外的金刚石刀具使用者一般都不自己磨刀,而将金刚石刀具送回原制造厂重磨。重磨收费很高且很不方便。Sumitomo（日本住友）公司推出一次性使用不重磨的精密金刚石刀具,即将金刚石钎焊在硬质合金片上,如图 3-9 所示,再用螺钉紧固在车刀杆上。刀片上的金刚石由制造厂研磨得很锋锐,使用者用钝后不用再重磨。这种刀具使用颗粒很小的金刚石,因此价格比较便宜。

图 3-9　不重磨的精密金刚石刀片

# 3.2　精密切削加工过程及控制

金属切削过程,就其本质而言,是材料在刀具的作用下,产生剪切断裂、摩擦挤压和滑移变形的过程,精密切削过程也不例外。但在精密切削加工过程中,由于采用的是微量切削方法,一些对普通切削影响小的因素将成为影响精密切削加工过程的主要因素。因此,应该对精密切削加工的特殊性进行系统的研究,掌握其变化规律,以便更好地应用这一技术。

## 3.2.1　精密切削加工的切削过程

在精密切削加工中,采用的是微量切削方法,切削深度较小,切削功能主要由刀具切削刃的刃口圆弧承担。能否从被加工材料上切下切屑,主要取决于刀具刃口圆弧处被加工材料质点的受力情况。

为了研究微量切削过程,了解切削过程中的各种现象,首先分析过渡切削过程。以回转刀具的切削情况为例,分析在过渡切削过程中刀具切削刃与工件表面的接触情况及工件材料的变形情况。图 3-10 所示为单刃旋转刀具铣削平面的过渡切削过程,点画线表示切削刃的运动轨迹,实线表示被加工表面的轮廓线。

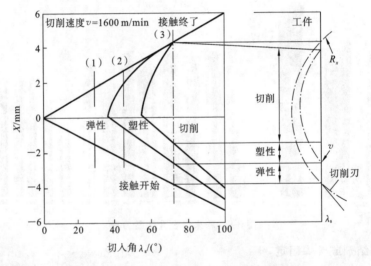

**图 3-10　单刃旋转刀具铣削平面的过渡切削过程**

从刀具切削刃和工件接触开始,刀具在工件上滑动一定的距离,工件表面仅产生弹性变形。在切削刃移开之后,工件表面仍能恢复到原来的状态。切削刃在工件表面上的这种滑动称为弹性滑动。

随着刀具继续旋转,背吃刀量不断增大,在工件表面上开始产生塑性变形,在此塑性变形区内,切削刃在工件表面滑过之后,工件表面被刺划出沟痕,但此时并没有真正切除材料,切削刃在工件表面上的这种滑动称为塑性滑动。

在塑性滑动之后,随着背吃刀量的增加,前面上产生了切屑,开始了切削过程。由于工件表面上产生了弹塑性变形,因此切削刃的运动轨迹与被加工表面形成的轮廓线不会重合。

通过改变刀具的切入角度,可以依次改变刀具与工件的最大干涉深度,从而可以得到如图 3-10 所示的曲线。

当切削刃的最大干涉深度很小时,即切入角很小时,便是图 3-10 中(1)的切削状态。此时,刀具仅在工件表面滑过,工件表面没有刀具切入的痕迹,在刀具和被加工表面的全部接触长度上都属于弹性变形区域。

当刀具与工件的最大干涉深度达到一定的数值时,形成如图 3-10 中(2)的切削状态。在切削开始的一段长度内为弹性滑动区域,然后进入塑性变形区,在切削刃滑动过去后,在塑性变形区域内将留下沟痕,但并不产生切屑。

继续增大刀具与工件的最大干涉深度,便形成图 3-10 中(3)的切削状态,在切削刃和工件表面的接触初期为弹性滑动区域,随着背吃刀量的增大,变为塑性滑动区域,再之后为切削区域,工件表面上产生塑性变形和形成去除切屑后的沟槽。随着背吃刀量的减小,之后又过渡到塑性变形区和弹性变形区。

必须指出,在塑性滑动区域内也存在弹性变形区,而在切削区域内既存在切屑去除区,也存在塑性变形区和弹性变形区。

因此,在微量切削过程中,刀具刃口圆弧附近的材料,一部分形成切屑被切除,另一部分被挤压而产生弹、塑性变形。超精密加工的切削效果是由刀具的切除作用和碾压作用共同形成的,而且在被加工表面形成过程中,伴随的碾压作用占很大的比例,即被加工表面的质量在很大程度上受碾压效果的影响。

### 3.2.2　精密切削加工时的切削参数及其对加工质量的影响

#### 1. 精密切削加工时的切削速度

由于硬质合金车刀切削刃刃口半径较大,刃口圆弧部分对加工面所产生的挤压所占的比例较大,切削速度的增加对其影响很小,因此用硬质合金车刀进行精密切削时,切削速度对切削力的影响不明显。

天然金刚石车刀的刃口圆弧半径比硬铝硬质合金车刀的小很多,虽然切削量相同,其切下的切屑要从前面流出,但因前面切削区的变形及摩擦所占的比例加大,当切削速度增加时,这部分变形及摩擦要减少,所以用天然金刚石车刀进行精密切削时,切削力随切削速度的增加而下降。图 3-11 所示为切削速度对切削力的影响的实验结果。

普通加工中切削速度会使切削温度升高,刀具寿命缩短。但天然金刚石硬度极高,与非铁金属材料接触的摩擦系数很低,所以在精密、超精密切削中的速度实际是根据工艺系统的动特性选取的,即选择振动最小的转速。

表 3-1 所示是金刚石刀具切削时切削速度对加工表面粗糙度的影响的实验数据。从

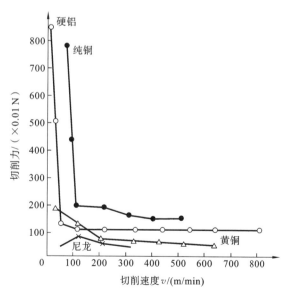

**图 3-11　切削速度对切削力的影响**

表格中可以看到,切削速度的变化对加工表面粗糙度基本没有影响。表中的表面粗糙度数据略有变化应理解为是受机床的动特性的影响。在刀具、机床、环境条件都符合要求时,从极低

的切削速度到很高的切削速度,都能得到表面粗糙度数值极小的加工表面($Rz < 0.01~\mu m$)。这一特点能保证在车削端面时,不因为车削时的半径变化导致线速度变化而影响车削表面的表面粗糙度。

**表 3-1　金刚石刀具切削时切削速度对加工表面粗糙度的影响**

| 试 件 材 料 | 切削速度/(m/min) | | | | | | |
|---|---|---|---|---|---|---|---|
| | 105 | 220 | 325 | 450 | 565 | 680 | 775 |
| | $Rz/\mu m$ | | | | | | |
| 黄铜(无切削液) | 1.48 | 1.48 | 1.34 | 1.44 | 1.44 | 1.44 | 1.5 |
| 铝合金(酒精) | 1.44 | 1.42 | 1.44 | 1.44 | 1.46 | 1.46 | 1.49 |

**2. 精密切削加工时的进给量**

在精密、超精密加工中,为了使加工表面粗糙度数值减小,都采用很小的进给量,刀具制成带修光刃的。进给量对精密、超精密加工的切削过程的影响可以从对表 3-2、表 3-3 中的数据进行分析后得出结论。

**表 3-2　进给量对切削力的影响**

| 切削力/(×0.01N) | 进给量/(mm/r) | | | | |
|---|---|---|---|---|---|
| | 0.01 | 0.02 | 0.04 | 0.1 | 0.2 |
| $F_c$ | 20 | 26 | 48 | 96 | 160 |
| $F_p$ | 4 | 5 | 12 | 17 | 30 |

**表 3-3　进给量对加工表面粗糙度的影响**

| 试 件 材 料 | 进给量/(mm/r) | | | |
|---|---|---|---|---|
| | 0.005 | 0.01 | 0.015 | 0.02 |
| | $Rz/\mu m$ | | | |
| 黄铜 | 0.27 | 0.25 | 0.25 | 0.24 |
| 铝合金 | 0.33 | 0.27 | 0.33 | 0.33 |

注:刀具有 0.2 mm 的修光刃。

表 3-2 所示是进给量对切削力的影响实验数据。可以看到:当进给量 $<0.02$ mm/r 时,进给量对切削力的影响已经很小。但当进给量由 0.02 mm/r 增加到 0.04 mm/r 后,$F_c$(主切削力)与 $F_p$(背向力)都基本成倍增加,而且 $F_p$ 的增大倍率大于 $F_c$ 的增大倍率。由此可以认为,比较合理的进给量是 0.02 mm/r。

表 3-3 所示是进给量对加工表面粗糙度的影响实验数据。可以看到:当进给量 $<0.02$ mm/r 时,进给量对加工表面粗糙度的影响也已经很小。当进给量由 0.02 mm/r 再减小时,对减小加工表面粗糙度数值已没有实际意义。所以,比较合理的进给量是 0.02 mm/r。

值得说明的是:以上的结论是在采用精密天然单晶金刚石刀具,刀具磨得非常锋利,而且具有修光刃的条件下得出的,而且也与切削加工的实际情况一致。但当以上条件发生变化时,最合适的进给量可能会不一样。例如将上述实验中的刀具由天然单晶金刚石刀具换成硬质合金刀具,当进给量小于 0.1 mm/r 以后,会出现 $F_p$ 大于 $F_c$ 的现象。这说明刃口半径的影响因素上升为主要因素。

**3. 精密切削加工时的背吃刀量**

使用天然单晶金刚石刀具进行精密、超精密切削加工时,背吃刀量的变化所产生的影响可以从对表 3-4、表 3-5 中的数据进行分析后得出结论。

表 3-4　背吃刀量的变化对切削力的影响

| 切削力/(×0.01 N) | 背吃刀量/mm | | | | |
|---|---|---|---|---|---|
| | 0.003 | 0.006 | 0.01 | 0.02 | 0.03 |
| $F_c$ | 10 | 17 | 26 | 45 | 50 |
| $F_p$ | 2 | 3 | 5 | 7 | 9 |

表 3-5　背吃刀量的变化对加工表面粗糙度的影响

| 试 件 材 料 | 背吃刀量/mm | | | | |
|---|---|---|---|---|---|
| | 0.025 | 0.05 | 0.075 | 0.1 | 0.15 |
| | $Rz/\mu m$ | | | | |
| 黄铜 | 1.56 | 1.5 | 1.48 | 1.32 | 1.22 |
| 铝合金 | 2.6 | 2.24 | 1.9 | 1.75 | 1.83 |

表 3-4 所示是背吃刀量的变化对切削力的影响实验数据。可以看到:当背吃刀量<0.02 mm 时,背吃刀量对切削力的减小有明显的效果,所以实际切削中一般采用小的背吃刀量。

在一般切削时,背吃刀量对切削力的影响大于进给量对切削力的影响。在精密切削时则恰恰相反,即进给量对切削力的影响大于背吃刀量的影响。这与精密切削时通常采用进给量大于背吃刀量的切削方式有关。

表 3-5 所示是背吃刀量的变化对加工表面粗糙度的影响实验数据。可以看到:随着背吃刀量的减小,表面粗糙度数值加大;切削铝合金时加工表面粗糙度在背吃刀量为 0.1 mm 处有最小值。但实际上,经过精密研磨后的天然单晶金刚石刀具(刃口半径可以达到 0.05～0.1 $\mu m$)在背吃刀量为 0.0001 mm 以下时仍可以得到超光滑的表面($Rz$<0.02 $\mu m$)。对此,可以得出以下结论。

(1) 实验中使用的刀具刃口半径较大,碾压效应随着背吃刀量的减小而加大,且碾压效应使加工表面质量变差。精密、超精密切削加工必须解决好这一问题。

(2) 精密、超精密切削加工中存在最小背吃刀量即最小切削厚度问题,而且最小切削厚度与所使用的刀具的刃口半径有直接的关联。

(3) 在超精密切削加工范围内,背吃刀量(5～0.5 $\mu m$)变化对加工表面粗糙度的实际影响很小。

总的来说,在超精密切削加工范围内,切削参数的变化对加工表面质量的影响不是主要的因素,而加工环境和条件才是决定精密、超精密切削加工效果的关键。这一点是精密、超精密切削加工与普通切削加工的最大区别,也是研究精密、超精密切削加工技术时的注意目标和关注方向。

## 3.2.3　精密切削加工时切削热的影响及控制

切削热是金属切削过程中产生的重要现象之一。它直接影响刀具磨损和刀具寿命,因而限制了切削速度的提高。在精密、超精密切削中,切削温度还会影响工件的加工精度和表面质量,是应重点进行控制的因素。

**1. 精密切削加工时的切削热与切削温度**

切削热来自三个切削变形区的金属弹性变形、塑性变形和摩擦。切削中所消耗的能量绝大部分转变为切削热。

切削热通过改变切削温度来影响切削过程。切削温度一般是指切屑、工件和刀具接触表面上的平均温度。切削温度的高低决定于切削时切削热产生的多少和散热条件。切削时大量的切削热是由切屑、工件、刀具和周围介质传导的。各部分所传出热量的比例,随工件材料、切削用量、刀具材料及刀具几何角度、加工情况等的变化而有所不同。通常情况下,切屑传出的热量最多,其余依次为刀具、工件及周围介质。刀具刀尖附近的温度最高,对切削过程的影响最大。

就精密、超精密切削而言,当切削单位从数微米缩小到 $1~\mu m$ 以下时,刀具的刀尖部分会受到很大的应力作用,在单位面积上会产生很大的热量,使刀尖局部区域产生极高的温度。因此,采用微量切削方法进行精密切削时,需要采用耐热性、耐磨性好,有较好的高温硬度和高温强度的刀具材料。

**2. 切削热对精密切削加工的影响及控制**

1)切削热对精密切削加工的影响

切削热对精密加工的影响很大。切削热不但直接传到工件上,使工件的温度升高,而且还传到切削液中,使切削液温度上升,高温切削液反过来也会使工件的温度升高。在精密加工中,由于热变形引起的加工误差占总误差的 $40\% \sim 70\%$,因此必须严格控制工件的温度和环境温度的变化,否则无法达到精密加工所要求的高精度。例如,精密加工 100 mm 长的铝合金零件,温度每变化 $1~℃$,将产生 $2.25~\mu m$ 的误差。若要求确保 $0.1~\mu m$ 的加工精度,则工件及环境温度的变化就必须控制在 $\pm 0.05~℃$ 的范围内。

2)减小切削热对精密切削加工的影响的措施

目前减小切削热对精密切削加工的影响的主要措施是采用切削液浇注工件的方法。为了使工件充分冷却,切削液的浇注方式可以采用浇注加淋浴式,若将大量的切削液喷射到工件上,使整个工件被包围在恒温油中,工件温度便可控制在 $(20\pm 0.5)~℃$ 的范围内。

切削液的冷却方式:可通过在切削液箱内设置螺旋形铜管,管内通以自来水,使切削液冷却,通过控制水的流量来达到控制切削液温度的目的。必要时还可以在冷却水箱中放入冰块,通过冰水混合物能可靠地把切削温度控制在所要求的范围内。

另外,通过优化刀具几何角度和切削用量,也可以达到减少切削热的目的。

3)超精密机床的热管理

超精密机床由于机床的总质量远高于所切削的材料,而且单位时间的切削量少,因此只需要维持机床所处环境的温度恒定,即可避免热变形的问题。可是,超精密机床的使用条件是中批量和大批量生产,要求高速度、大切削量的加工,工件、刀具、丝杠、主轴等部件在加工过程中将产生可观的热量,必须在机床设计中加以周密考虑。

以瑞士 DIXI 公司的 JIG 系列坐标镗床为例,为了控制热变形,在机床上的 7 个主要热源处设置了温度控制点,其分布如图 3-12 所示。图中的控制点分别是:① 滚珠螺母;② 丝杠轴承;③ 主轴轴承和电动机;④ B、C 轴直接驱动电动机;⑤ 电气柜;⑥液压系统;⑦冷却循环系统。同时,在各个热源处都设计了独立的冷却循环回路并计算好各处热源的发热量。在机床

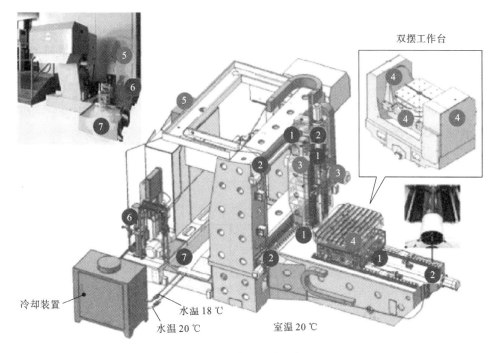

图 3-12　机床温度控制点分布

工作期间,切削液循环系统根据各个热源的发热量供应比室温低 2 ℃的切削液,确保各个循环回路都能提供稍大于热源发热量的冷却量,以保持机床的热变形在允许范围之内。

由于刀具在切削过程中的热变形无法完全避免,机床的数控系统可以对刀具引起的 $Z$ 轴误差做出补偿。

### 3. 切削液对精密切削加工的作用

1) 切削液的使用效果

切削液对精密加工影响很大。图 3-13 所示的曲线是在 SI-125 精密车床上用金刚石刀具切削铝合金时,干切削与使用切削液的切削对比试验结果。从图中可知,干切削后的表面粗糙

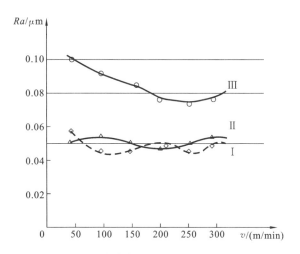

图 3-13　干切削与使用切削液的切削对比

(试件 I 和 II 使用切削液,试件 III 不使用切削液)

度数值比用切削液时的表面粗糙度数值差 1～1.5 个小级,甚至差 1 个大级。

图 3-14 所示为我国研究人员使用不同配方的切削液做的实验对比结果图。从图中可知,30%的大豆油加 70%的混合油加工表面质量(冷却效果)最好,20%的氯化石蜡加 1%的二烷基二硫代磷酸锌和 79%的混合油的冷却效果与其接近,20%氯化石蜡加 80%的混合油冷却效果次之,而混合油的冷却效果最差。

切削液通过渗透到接触面上,湿润刀具表面,并牢固地附着在刀具表面上形成一层润滑油膜,以达到减少刀具与工件材料之间摩擦的效果。

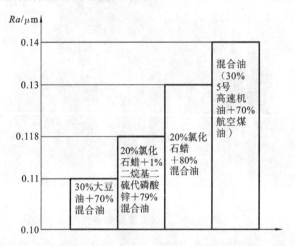

图 3-14　不同配方的切削液的对比实验结果

表面吸附可分为物理吸附和化学吸附。由混合油分子形成一层物理吸附薄膜的效果最差,由氯化物形成的化学膜效果较好,由氯化物、硫化物形成的化学吸附膜效果更好,加入少量大豆油形成的物理厚膜效果最好。形成的化学膜是硫或氯与刀具表面的化学成分形成的硫化物或氯化物,这些化合物在切削过程中会脱落,影响刀具表面粗糙度,从而影响工件表面粗糙度。而物理吸附厚膜即使脱落也不会影响刀具表面粗糙度,因此物理吸附厚膜比化学吸附膜效果好,能获得更小的表面粗糙度数值。

美国加利福尼亚大学的 Bryan 等人,利用缝纫机用的矿物油喷淋加工区。国外还有利用大量的煤油和橄榄油对切削区进行冷润滑和冲洗,在用金刚石刀具切削计算机磁盘端面时用酒精进行喷雾冷却润滑的,均取得了良好的效果。

2) 切削液的作用

在精密切削中,使用切削液还可产生以下作用。

(1) 抑制积屑瘤的生成。精密切削中,积屑瘤会严重影响加工表面粗糙度,抑制积屑瘤的生成对提高精密切削的加工表面质量具有很好的效果。

(2) 降低加工区域温度,稳定加工精度。

(3) 减小切削力。切削液可使刀具与切屑及工件加工表面之间的摩擦减小。

(4) 减小刀具磨损,延长刀具寿命。

### 3.2.4　精密切削加工的刀具寿命

金刚石具有许多独特的优点,它作为刀具材料在精密切削中得到了广泛的应用。在此着重分析金刚石刀具磨损、破损及其寿命问题。

**1. 金刚石刀具的磨损和破损**

1）金刚石刀具的磨损形式

刀具磨损形式有机械磨损、黏结磨损、相变磨损、扩散磨损、破损和碳化磨损等。

金刚石刀具的磨损可分为机械磨损、破损和碳化磨损。常见的磨损形式为机械磨损和破损，碳化磨损较少见。

图 3-15 所示为单晶金刚石车刀磨损区概貌，图中 A 所示即为后面上的细长而光滑的磨损带。图 3-16 所示为单晶金刚石车刀的磨损情况，其中，图 3-16（a）所示为正常磨损情况，图 3-16（b）所示为剧烈磨损情况。

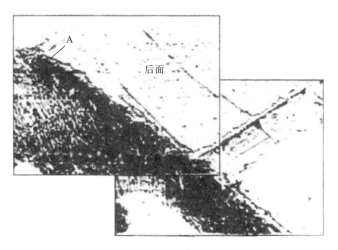

图 3-15　单晶金刚石车刀磨损区概貌

（a）正常磨损　　　　　　　　　　（b）剧烈磨损

图 3-16　单晶金刚石车刀的磨损情况

（1）机械磨损。机械磨损是由机械摩擦所造成的磨损。在刀具开始切削的初磨阶段，刀具和工件、切屑的接触表面高低不平，形成犬牙交错现象，在相对运动中，双方的高峰都逐渐被磨平。最普遍的机械磨损现象是由于切屑或工件表面有一些微小的硬质点，如碳化物等，在刀具前面上划出沟纹而造成的磨料磨损。

金刚石刀具使用一段时间后，在前、后面上出现细长而光滑的磨损带，刀棱逐渐变成圆滑过渡的圆弧，随着加工的继续会形成较大的圆弧或者发展成前面和后面之间的斜面。随着切

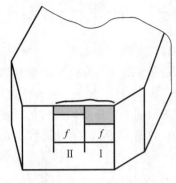

**图 3-17　直线刃刀具的磨损情况**

削距离的增长,副后面上的磨损将逐渐增大,并会出现两段不同的磨损部分,而且这两部分的长度相同,都等于走刀量 $f$,区别在于磨损的深度不同。

直线刃刀具的磨损情况如图 3-17 所示,右边的磨损部分磨损最大,称为第Ⅰ磨损区,主要是因为由这段切削刃去除加工余量;左边磨损部分的磨损量较小,称为第Ⅱ磨损区,这是因为右边部分的切削刃出现了磨损,使左边部分切削刃参加切削,切去Ⅰ区残留的余量,因此Ⅱ区的切削刃也产生了一定的磨损。但由于Ⅰ区背吃刀量远远大于Ⅱ区背吃刀量,两个磨损区的磨损量大不相同,因此形成了阶梯形磨损。

前面上的磨损是由切屑流过前面引起的,在切屑的摩擦下,通常形成一条凹槽形的磨损带,凹槽的形状与刀具形状有关。图 3-18 所示为刀尖半径为 2 $\mu$m 的切削刃前面上出现的磨损凹槽的形状,图中左边为凹槽的剖视图,刀具材料为天然金刚石,工件材料为铝镁合金。当切削距离为 100 km 时,凹槽的深度可达到 0.1 $\mu$m。

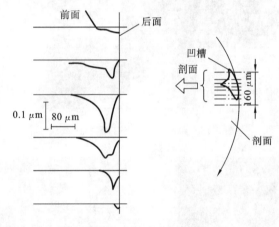

**图 3-18　前面磨损凹槽**

金刚石刀具的这种机械磨损量非常微小,刀具后面的磨损区及前面的磨损凹槽表面非常平滑,使用这种磨损的刀具进行加工不会显著地影响加工表面质量。

这种机械磨损主要产生在用金刚石刀具加工铝、铜、尼龙等物质材料时。加工这些材料时,切削过程平稳,无冲击、振动。

(2) 破损。金刚石刀具破损的原因有以下几种。

① 裂纹。结构缺陷可产生裂纹。当切屑经过刀具表面时,金刚石受到循环应力的作用也可产生裂纹。这些裂纹在切削过程中会加剧,进而造成刀具的严重破损。

② 碎裂。由于金刚石材料较脆,在切削过程中冲击和振动都会使金刚石切削刃产生微细的解理,形成碎裂。刀具的碎裂会降低切削刃的表面质量,影响加工质量,甚至会形成较大范围的解理。

③ 解理。当垂直于金刚石(111)晶面的拉力超过某特定值时,两相邻的(111)面分离,产生解理劈开。如果金刚石晶面方向选择不当,切削力容易引起金刚石的解理,使刀具寿命急剧缩短,尤其是在有冲击振动、切削不稳定的条件下,更容易产生解理。

最新研究表明,为了增加切削刃的微观强度,降低破损概率,应选用微观强度最高的(100)

晶面作为金刚石刀具的前、后面。

2) 金刚石刀具磨损对加工质量的影响

金刚石刀具的磨损形式在很大程度上取决于工件材料性质、金刚石特性的利用及机床的动态性能,特别是金刚石的特性与磨损有很大关系,合理地使用金刚石刀具,可以在较长时间内保持较高的加工质量。

为了研究刀具的磨损形式与加工质量的关系,有人进行了相关的试验,试验结果如图 3-19 和图 3-20 所示。由图 3-19 可知,用直线刃金刚石刀具加工铝合金时,刀具表面产生机械磨损,刀具表面磨损区的表面光滑。用这类磨损的刀具进行加工时,对工件加工表面粗糙度影响不大。虽然随着切削距离的增加,刀具磨损量不断增加,但由于这种磨损面很光滑,因此加工表面粗糙度不发生改变。

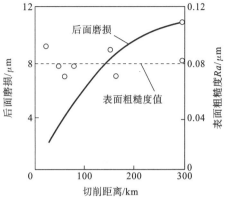

**图 3-19　后面磨损及表面粗糙度与切削距离的关系**

(工件材料:铝合金。刀具:直线刃金刚石刀具)

图 3-20 表示用不同形状的刀具切削加工尼龙时工件表面粗糙度与切削距离之间的关系。在加工纯尼龙时,刀具不产生破损,加工表面粗糙度能一直保持不变。从图 3-20 还可看出,用圆弧刀切削含硬质点填料的尼龙时,工件表面粗糙度数值随着切削距离的增加而增大。这是因为尼龙中的硬质点填料在切削过程中会反复冲击刀具表面,使金刚石刀具产生破损;随着切削距离的增加,加工表面质量急剧恶化。用直线刃刀具切削含硬质点填料的尼龙时,虽然也会产生破损,但由于破损只产生在切削刃的一部分长度上,因此最后精修切削刃仍能保证加工表面的质量。若破损扩展到精修切削刃上,则会影响加工表面质量。

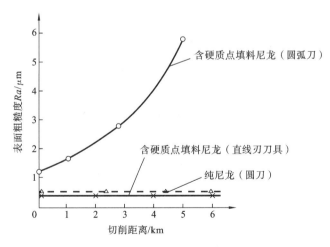

**图 3-20　表面粗糙度与切削距离的关系**

(工件材料:尼龙)

## 2. 金刚石刀具的寿命

刀具磨损到一定程度就不能继续使用,否则将降低加工零件的尺寸精度和加工表面质量,同时也增加刀具的消耗,增加加工成本。

1）刀具的磨损过程

如图 3-21 所示，刀具的磨损过程一般可以划分为三个阶段。

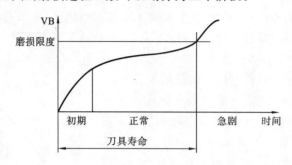

图 3-21　刀具的磨损过程

（1）初期磨损阶段。这一阶段磨损很快，这是因为新刀具表面粗糙，且存在各种缺陷（如汽化层、脱碳层等），刀具刚开始切削时，切屑能很快将刀具表面高低不平处及缺陷层磨去。

（2）正常磨损阶段。当刀具表面突出的各点被磨平后，磨损情况就稳定了，磨损量随切削距离的增加而成正比地增加，其磨损速度比初期磨损阶段要慢。这是因为高峰磨去后，刀面上的接触面积增加，接触应力减小。

（3）急剧磨损阶段。当磨损量达到一定值时，刀具变钝，切削温度上升，切削力增大，磨损原因发生了变化，磨损速度上升，切削刃失去了切削能力。在生产中应当避免这种急剧磨损，在正常磨损结束之前，及时更换刀具或刃磨刀具。

2）刀具寿命

在生产中，工人不可能经常测量刀具磨损多少，因此通常是按一定的时间间隔来更换刀具。刀具由开始切削到磨钝为止的切削总时间称为刀具寿命，它代表刀具磨损的快慢程度。

目前，一些先进的机床具有在线自动检测系统，可以根据检测结果，合理地确定刀具的更换时间。

一般刀具磨钝标准有以下两种。

（1）工艺磨损限度。工艺磨损限度是根据工件表面粗糙度及尺寸精度的要求而制定的。当刀具磨损到一定程度时，工件表面粗糙度数值增大，尺寸精度下降，并有可能超出所要求的表面粗糙度数值及公差范围，因此必须予以限制。精密加工都采用工艺磨损限度。

（2）合理磨损限度。这是由合理使用刀具材料的观点出发而制定的磨损限度。因为刀具磨损限度定得太大或太小都会浪费刀具材料，只有取正常磨损阶段终了之前的磨损量作为磨损限度，才能最经济地使用刀具。用天然单晶金刚石刀具对非铁金属材料进行精密切削，如切削条件正常，刀具无意外损伤，刀具磨损极慢，刀具寿命极长。

天然单晶金刚石刀具只能在机床主轴转动非常平稳的高精度机床上使用，否则，振动会使金刚石刀具很快产生切削刃微观崩刃而不能继续使用。

金刚石刀具要求使用维护极其小心，不允许在有振动的机床上使用。在设计刀具时，应正确选择金刚石晶体方向，以保证切削刀具有较高的微观强度，降低解理破损的产生概率。

### 3.2.5　精密与超精密切削加工时的最小切削厚度

零件最终工序的最小切削厚度应等于或小于零件的加工精度（允许的加工误差），因此最小切削厚度反映了精加工能力。

**1. 超精密切削加工实际达到的最小切削厚度**

超精密切削加工实际能达到的最小切削厚度与金刚石刀具的锋锐度、使用的超精密机床的性能状态、切削时的环境条件等都直接相关。1986 年开始,日本大阪大学和美国 LLNL 合作进行了一项具有划时代意义的实验研究——超精密切削的极限。这项研究取得了突破性的重大成果,其中之一是证明:使用极锋利的刀具和在机床条件最佳的情况下,金刚石刀具的超精密切削,可以实现切削厚度为纳米级的连续稳定切削。

图 3-22 所示为用扫描电镜为这项实验拍摄的一组切屑的照片。图 3-22(a) 所示的切削厚度为 30 nm,图 3-22(b) 所示的切削厚度为 1 nm。实验使用的单晶金刚石刀具是日本大阪金刚石公司特制的,切削使用的机床是 LLNL 的超精密金刚石车床。照片显示,切削厚度极小(1 nm)时,仍能得到连续稳定的切屑。这说明切削过程是连续、稳定和正常的。

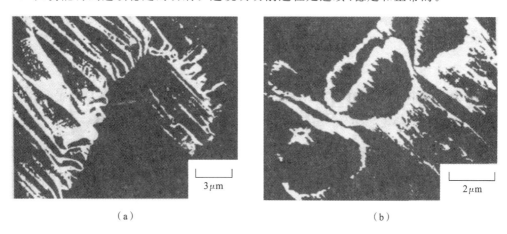

（a）　　　　　　　　　　　　　　　　（b）

**图 3-22　超精密切削的切屑照片**

**2. 影响最小切削厚度的因素**

根据过渡切削过程的分析可知,当切削厚度太小时,切削刃对工件表面的作用只是弹性滑动或塑性滑动,并没产生切屑,因此最小切削厚度要受到一些因素的限制。下面对最小切削厚度问题进行一些分析。

切削过程能够成立,主要应满足下列条件。

（1）切削过程应当是连续的、稳定的。

（2）应当保持较高的加工精度和表面质量。

（3）刀具应有较长的使用寿命。

如图 3-23 所示,在精密切削中,采用的是微量切削方法,切削厚度较小,切削功能主要由刀具切削刃的刃口圆弧承担。能否从被加工材料上切下切屑,主要取决于刀具刃口圆弧处被加工材料质点的受力情况。

正交切削,质点仅受两个方向的力作用,即背向力 $F_p$ 和主切削力 $F_c$。最终能否形成切屑,取决于作用在此质点上的力 $F_c$ 和 $F_p$ 的比值。

根据材料的最大剪应力理论可知,最大剪应力应发生在与切削合力 $F_r$ 成 45° 角的方向上。

若切削合力的方向与切削运动方向成 45° 角,即 $F_c = F_p$,则作用在材料质点 $i$ 上的最大剪应力与切削运动方向一致,该质点 $i$ 处材料被刀具推向前方,形成切屑,而质点 $i$ 处位置以下的材料不能形成切屑,只产生弹、塑性变形。

因此,当 $F_c > F_p$ 时,材料质点被推向切削运动方向,形成切屑;当 $F_c < F_p$ 时,材料质点被

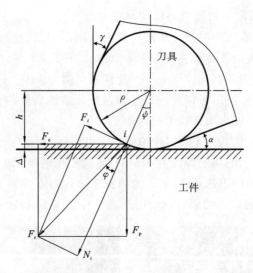

**图 3-23　被加工材料质点受力情况**

压向零件本体,被加工材料表面形成挤压过程,无切屑产生。$F_c = F_p$ 时所对应的切削厚度 $\Delta$ 便是最小切削厚度。这时质点对应的角度为

$$\psi = 45° - \varphi$$

对应的最小切削厚度 $\Delta$ 可表示为

$$\Delta = \rho - h = \rho(1 - \cos\psi)$$

由此可见,最小切削厚度与刀具的刃口半径和刀具与工件材料之间的摩擦系数有密切关系。

# 3.3　超声波振动车削加工

超声波振动加工是指给工具或工件沿一定方向施加超声频振动而进行振动加工的方法,其应用范围很广。最早是在 1927 年观察到超声波振动加工作用的,1945 年有了首批登记的专利,20 世纪 50 年代开始应用超声波振动加工。我国 20 世纪 60 年代也开始进行这方面的应用研究。

## 3.3.1　超声波振动车削装置

超声波振动车削是在传统的车削过程中给刀具施加超声频振动而形成的一种新的加工方法。图 3-24 所示为纵向超声波振动车削的示意图,换能器将超声波振动发生器产生的超声频振荡的电能转变为功率超声波振动的机械能,经变幅杆放大后传递给车刀。

除纵向超声波振动车削外,还有弯曲和扭转超声波振动车削装置,最常用的是弯曲超声波振动车削。图 3-25 所示为使刀具产生弯曲振动的一种常用装置。纵向振动变幅杆可以从刀杆的中心位置激发,也可以从刀杆的端头激发,使刀具作弯曲振动。换能器可使用磁致伸缩型或夹心式压电换能器。

刀具端头的振动方向与工件的转动方向(切削方向)可以是平行的也可以是垂直的,共有三个方向,如图 3-26(a)所示,但实验证明平行效果较好。在车削时刀具振动方向与工件旋转方向如图 3-26(b)所示。在超声波振动车削过程中,刀具与工件是断续接触的。

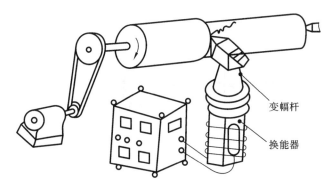

**图 3-24　纵向超声波振动车削的示意图**

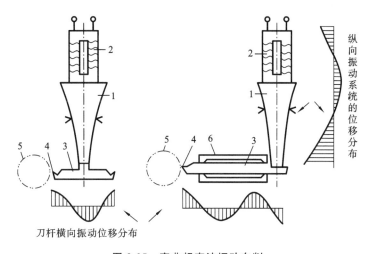

**图 3-25　弯曲超声波振动车削**

1—变幅杆；2—换能器；3—刀杆；4—刀具切削部分；5—工件；6—刀具支架

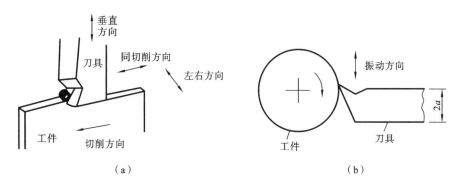

**图 3-26　刀具的振动方向**

图 3-27 所示为使刀具产生弯曲振动的另一种方法，即采用弯曲振动的夹心压电换能器。此装置简单，便于在机床上安装，易于更换刀具。

## 3.3.2　超声波振动车削的原理及特点

### 1. 超声波振动车削的原理

当刀具振动时，刀具与工件的接触是断续的。设工件旋转时表面的线速度（即切削速度）

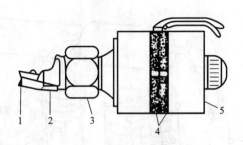

**图 3-27　弯曲振动装置**

1—刀具；2—刀具支架；3—连接螺母；4—PZT；5—弯曲振动换能器

为 $v$，刀具振动频率为 $f$，位移振幅为 $a$，则实现超声波振动车削的条件为 $v<2\pi af$。

当 $v=v_c=2\pi af$ 时，称为临界速度，车削速度 $v$ 越接近于 $v_c$，超声波振动车削就越接近于传统车削。当 $v>v_c$ 时，刀具不能脱离工件，即超声波振动车削和传统车削完全相同。

在超声波振动车削过程中，刀具的运动和车削过程如图 3-28 所示。刀具作经过原点 $O$ 的近似简谐振动，到 $B$ 点开始接触工件，在 $BFA$ 间车削，生成切屑 1，同时产生脉冲状切削力 $F_1$、$F_2$。刀具运动到 $A$ 点将反向，由于反向运动速度大于工件运动速度 $v$，刀具开始脱离工件，切削力近似为零，直到刀具运动到 $B$ 点再与工件接触，刀具沿 $BGD$ 线运动期间按同样过程车削出切屑 2。刀具与工件的这种接触、切削、脱离的过程周而复始地进行，即可生成切屑 $1,2,\cdots,n$，同时产生脉冲状切削力 $F_1$，$F_2$。$F_1$ 是垂直于切削方向的分力，称为背分力；$F_2$ 是平行于切削方向的分力，称为主分力。

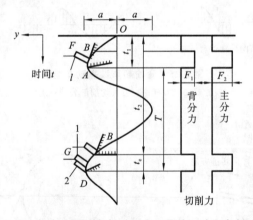

**图 3-28　超声波振动车削过程中刀具的运动和车削过程**

每个振动周期内刀具的净车削时间所占的比例小，则平均切削力小。提高刀具振动频率，增大其振幅或减小切削速度，均可达到这一目的。

**2. 超声波振动车削的特点**

超声波振动车削有以下几方面的特点。

（1）大幅度降低切削力。

切削力可降低到传统切削力的 $1/20\sim1/3$，纯切削时间 $t_c$ 极短，大大降低了摩擦系数，因而也降低了切削热，减小了热损伤及表面残余应力，减小了热变形等。

（2）减小表面粗糙度数值，显著提高加工精度。

超声波振动车削不产生积屑瘤，切削后端面无毛刺；可提高加工精度，如车削恒弹性合金 3J53、钛合金 TC4 时，表面粗糙度 $Ra$ 由普通切削的 3 $\mu$m 降低到 0.3 $\mu$m 以下；几何精度高，用龙门刨床对硬铝、黄铜、碳素钢等进行超声波振动刨削,可得到 2 $\mu$m/400 mm 的直线度,且与材料的种类无关。

（3）延长刀具寿命。

由于切削温度低且冷却充分,因此刀具寿命明显延长,如切削恒弹性合金 3J53 端面,刀具寿命可延长 13 倍以上。

（4）切屑处理容易。

切屑不缠绕在工件上,由于切屑温度接近室温,不会形成派生热源,且排屑容易,切削脆铜时切屑不会到处飞散等。

（5）提高切削液的使用效果。

超声波振动车削,当刀具与工件分离时,切削液易进入切削区,冷却和润滑充分。采用机油加锭子油做切削液时,超声波振动切削效果最好。

（6）提高已加工表面的耐磨性和耐蚀性。

超声波振动车削会在零件表面布满花纹,使零件工作时在表面形成较强的油膜,这对提高滑动面耐磨性有重要作用。它能润滑活塞和气缸套内孔表面间的滑动区,从而可以防止黏着和咬合。

# 复习思考题

1. 现代精密、超精密切削加工为什么采用金刚石刀具?
2. 常用金刚石刀具的刀头有哪些基本形式?
3. 常用金刚石刀具的几何角度为多少?
4. 试述金刚石刀具上金刚石的固定方法。
5. 叙述精密、超精密切削过程并与普通切削加工相比较,说明它们之间的异同。
6. 精密、超精密切削加工中的切削参数是如何影响加工质量的?
7. 谈谈精密、超精密切削时的切削液的特性及其对精密、超精密切削加工质量的影响。
8. 与普通刀具相比,金刚石刀具的磨损与使用寿命有哪些特点? 这些特点是怎么产生的?
9. 谈谈影响精密、超精密切削时最小切削厚度的因素。
10. 什么是超声波振动车削加工? 它有哪些特点?

# 思政小课堂

**勤恳治学的艾兴**　艾兴院士长期致力于切削加工和刀具材料、超硬材料加工、复杂曲面加工等机械加工工程领域的理论与技术研究及应用,是我国切削加工研究领域开拓者之一。他始终奋斗在科研第一线,通过产学研结合、撰写学术著作等方式使研究得到广泛应用。

二十世纪五六十年代,艾兴院士以研究硬质合金刀具高速切削、大走刀切削、孔加工技术、切削液和陶瓷刀具切削性能等为主,针对当时生产实际提出的电锭转子轴深锥孔加工问题,研制成专用铰刀和切削液,解决了重大关键技术难题,受到国家纺织部嘉奖。

20世纪70年代以来,艾兴院士在国内外首创融合切削学和陶瓷材料学于一体的、基于切削可靠性的陶瓷刀具研究和设计的理论体系,极大地丰富和发展了切削加工研究理论,把我国陶瓷刀具材料研制提高到新水平。他先后研制成6个品种12个牌号的新型氧化铝基陶瓷刀具,填补了国内空白,其中3种为国内外首创。

在超硬刀具材料加工领域,艾兴院士提出了超声振动、断续磨——间隙脉冲放电复合加工理论和技术,建立了加工运动学图谱、物理模型、加工效率与精度计算模型,开发了专用直流电源和断续磨削砂轮,研制出了多功能超声-间隙脉冲放电复合加工数控机床,加工效率提高3~5倍。此外,他还成功开发手表外壳、钟表齿轮和木材加工刀具等计算机辅助设计应用软件系统,提高设计效率20倍以上。

# 第 4 章　精密与超精密磨削

金刚石刀具主要是对铝、铜及其合金等材料进行超精密切削,而对于黑色金属、硬脆材料主要是应用精密与超精密磨粒加工。磨粒加工可分为固结磨粒加工和游离磨粒加工两大类,本章主要介绍固结磨粒加工。

## 4.1　固结磨粒加工特点及原理

固结磨粒加工包括砂轮磨削、磨石研磨、珩磨、砂带磨削、砂带研抛,游离磨粒加工包括研磨和抛光。

### 4.1.1　固结磨粒加工

固结磨粒加工以磨削加工为主。

**1. 磨削加工的概念及特点**

磨削加工是指用固结磨具对工件进行切除的加工方法,是一种常用的半精加工和精加工方法。常用的固结磨具有砂轮、油石、砂布和砂带等,其中砂轮应用最广,狭义上的磨削加工专指砂轮磨削。磨削加工从本质上来说属于随机形状随机分布的多刃切削加工,与车、铣等具有规则形状刀具切削加工方法相比较,具有如下特点。

(1) 磨削除了可以加工铸铁、碳钢、合金钢等一般结构材料外,还能加工一般刀具难以切削的高硬度材料,如淬火钢、硬质合金、陶瓷和玻璃等,但不适宜加工塑性较大的非铁金属工件。

(2) 磨削加工的精度高,表面粗糙度数值小,精度可达 IT5 及 IT5 以上;表面粗糙度 $Ra$ 为 $1.25 \sim 0.01~\mu m$。

(3) 砂轮有自锐作用。在磨削过程中,磨粒的破碎将产生新的较锋利的棱角,同时由于磨粒的脱落而露出一层新的锋利的磨粒,它们能够使砂轮的切削能力得到部分的恢复。这种现象叫作砂轮的自锐作用,也是其他切削刀具所没有的。

(4) 磨削速度很高,一般在 $30 \sim 50~m/s$,是车、铣速度的 $10 \sim 20$ 倍。磨削时单个磨粒的切削厚度可小到几微米,故易于获得较高的加工精度和较小的表面粗糙度数值。

(5) 磨削的径向磨削力大,且作用在工艺系统刚性较差的方向上。因此,在加工刚性较差的工件(如磨削细长轴)时,应采取相应的措施,防止因工件变形而影响加工精度。

(6) 磨削温度高。磨削产生的切削热多,热量的 $80\% \sim 90\%$ 传入工件($10\% \sim 15\%$ 传入砂轮,$1\% \sim 10\%$ 由磨屑带走),加上砂轮的导热性很差,大量的磨削热在磨削区形成瞬时高温(瞬时可高达 $1000~℃$ 以上),将引起加工表面物理力学性能的改变,甚至产生烧伤和裂纹。因此,磨削时应采用大量的磨削液,以降低磨削温度。

**2. 磨削加工的分类**

磨削加工通常按加工工件表面的形式和工作特点来分类,其基本类型如下。

1) 工件回转表面的磨削

(1) 外圆磨削:工件有支承或无支承的外圆磨削,均有纵向进给的和切入进给的两种。

（2）内圆磨削：工件有支承或无支承的内圆磨削，均有纵向进给的和切入进给的两种。

2）工件平型表面的磨削

（1）用砂轮周边磨削平面的方法，简称周边平磨。

（2）用砂轮端面磨削平面的方法，简称端面平磨。

### 4.1.2　固结磨具

将一定粒度的磨粒与结合剂粘接在一起，形成一定的形状和强度，再采用烧结、黏结、涂敷等方法制成砂轮、砂条、磨石、砂带等磨具，这里主要介绍砂轮磨具。

**1. 砂轮特性**

砂轮是使用较广的固结磨具，它由磨粒、结合剂和气孔（有时没有）组成（见图 4-1），其特性主要由磨粒、粒度、结合剂、硬度和组织等因素决定。磨削加工中，根据被磨削工件的材质、加工要求、机床性能来选择合适的砂轮特性。

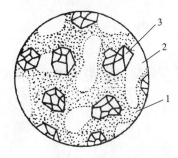

图 4-1　砂轮组成

1—结合剂；2—气孔；3—磨粒

1）磨粒及其选择

磨粒直接担负着切削工作，应具有很高的硬度、耐热性和一定的韧性，破碎时应能形成尖锐的棱角。磨粒具有多种几何形状，如图 4-2 所示，其中以菱形八面体最为普遍。磨粒的顶尖角通常为 90°～120°，同时其尖部均有钝圆，钝圆半径在几微米至几十微米。

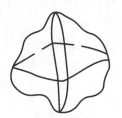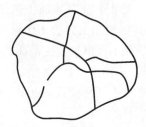

图 4-2　磨粒的几何形状

在精密与超精密磨削中，主要使用的磨粒有碳化物系、刚玉系（$Al_2O_3$）磨料，以及超硬磨料。其中碳化物系磨料和刚玉系磨料属于普通磨料，碳化物系磨料适用于磨削铸铁类、黄铜、软青铜、铝及硬质合金等硬脆工件；刚玉系磨料比碳化物系磨料强度、韧性好，但硬度差，因此，其适用于磨削各种钢类工件。

超硬磨料是指金刚石、立方氮化硼（CNB）及以它们为主要成分的复合材料。超硬磨料能加工各种高硬度、难加工材料，且超硬磨料磨具形状和尺寸易于保持，耐用度高、精度高，可长时间使用，修正次数少，磨削温度较低。其中，金刚石有较大的热容量和良好的导热性，但在 700 ℃ 以上易与铁族金属发生化学反应而生成碳化物，造成化学磨损，故一般适用于加工硬质合金、光学玻璃、陶瓷等硬质材料，不适宜磨削铁族金属材料。立方氮化硼的硬度仅次于金刚石，但抗热冲击性、抗弯强度比金刚石好得多，有良好的化学稳定性，故适用于磨削高硬度、高强度钢等材料，由于它在高温下易与水发生反应，生成氨和硼酸，因此在磨削时不应用含水的磨削液。

2）磨粒粒度及其选择

磨粒粒度的选择应根据加工要求、被加工材料、磨粒材料等来决定。磨粒通常采用筛分法和水洗法制成各种粒度的粗磨粒和微粉。磨粒粒度按颗粒尺寸大小分为 37 个粒度号,粒度号 F4～F220 称为粗磨粒,粒度号 F230～F1200 称为微粉。通常磨粒颗粒越细,加工表面质量越好,生产率越低。

　3)结合剂及其选择

　　结合剂的作用是将磨粒黏结在一起,形成一定的形状并使其具有一定的强度。常用的结合剂有树脂结合剂、陶瓷结合剂和金属结合剂等,结合剂会影响砂轮的结合强度、自锐性、化学稳定性、修整方法等。表 4-1 所示为常用的不同结合剂的性能与用途。

表 4-1　不同结合剂性能与用途

| 种　类 | 代　号 | 性　能 | 用　途 |
|---|---|---|---|
| 陶瓷 | V | 耐热性好、耐腐蚀性好、气孔率大、易保持轮廓、弹性差 | 应用广泛,适用于 $v < 35$ m/s 的各种成形磨削、磨齿轮、磨螺纹等 |
| 树脂(有机) | B | 强度高、弹性大、耐冲击、坚固性和耐热性差、气孔率小 | 适用于 $v > 50$ m/s 的高速磨削,可制成薄片砂轮,用于磨槽、切割等 |
| 橡胶(有机) | R | 强度和弹性更高、气孔率小、耐热性差、磨粒易脱落 | 适用于无心磨的砂轮和导轮、开槽和切割的薄片砂轮、抛光砂轮等 |
| 金属 | M | 韧性和成形性好、强度大,但自锐性差 | 可制造各种金刚石磨具 |

　4)组织和浓度及其选择

　　普通磨具中磨粒的含量用组织表示,它反映了磨粒、结合剂和气孔三者之间体积的比例关系。超硬磨具中磨粒的含量用浓度表示,它指磨料层中每 1 cm³ 体积中所含超硬磨料的质量,浓度越高,其含量越高,浓度值与磨料含量的关系见表 4-2。组织和浓度直接影响磨削质量、效率和加工成本,选择时应综合考虑磨粒材料、粒度、结合剂、磨削方式、质量要求和生产率等因素。

表 4-2　超硬磨料浓度值与磨料含量的关系

| 浓度代号 | 质量分数/(%) | 质量浓度/(g/cm³) | 磨料在磨料层中所占体积/(%) |
|---|---|---|---|
| 25 | 25 | 0.2233 | 6.25 |
| 50 | 50 | 0.4466 | 12.50 |
| 70 | 70 | 0.6699 | 18.75 |
| 100 | 100 | 0.8932 | 25.00 |
| 150 | 150 | 1.3398 | 37.50 |

**2. 砂轮的磨损与耐用度**

　1)砂轮磨损

　　随着砂轮工作时间的延长,砂轮的切削能力逐渐降低,这是由于发生了砂轮磨损,最终不能正常磨削,无法达到规定的加工精度和表面质量。砂轮磨损主要包括砂轮表面钝化、表面堵塞、磨粒破碎和磨粒脱落,下面分别进行阐述。

　　(1)砂轮工作表面钝化。

　　这种现象多见于使用磨粒不易破裂或硬度大的砂轮磨削时,磨粒在工作中磨损、刃口变钝、出现明显的小平面,见图 4-3,但它并不产生磨粒裂开或从结合剂上脱落的现象。砂轮钝化致使磨削力显著增大、工件发热,以及出现明显的振动和噪声,不能很好地切除材料,这时砂轮必须重新进行修整。

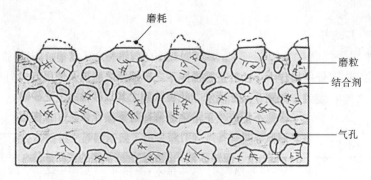

图 4-3　磨料变钝

（2）砂轮工作表面堵塞。

砂轮表面有许多空间和凹洞,这些空间和凹洞在磨粒形成切削刃时相当于车刀的斜角与间隙角。如果切削填塞在空间凹洞中,则为砂轮堵塞,见图 4-4。砂轮堵塞时,若继续磨削则容易与工件产生摩擦现象,使磨削温度急剧增高,产生不良的磨削加工。此时应对砂轮进行修整,去除堵塞部位。

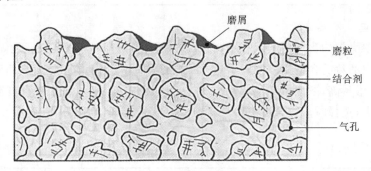

图 4-4　砂轮堵塞

（3）磨粒破碎。

当磨粒切削刃处的内应力超过它的断裂强度时就会产生局部破碎。根据磨粒切削刃处所受载荷大小和晶体结构的不同,有时在磨粒切削刃附近发生微破碎,形成新的锋刃,有的则在磨料深部发生破裂,形成较大破损。

（4）磨粒脱落。

由于砂轮上的磨粒是由结合剂黏结在砂轮上的,结合剂与磨粒结合处称为结合桥。当磨粒上的切削刃变钝导致切削力增大,使得结合强度不够时,或切削深度过大使得作用于磨粒上的法向力大于磨粒结合桥所能承受的极限时,都会致使结合桥折断,造成整个磨粒脱落。

2）砂轮耐用度及磨削比

砂轮耐用度 $T$ 是砂轮相邻两次修整间的磨削时间,也可以是磨削的工件个数。可以通过实验建立 $T$ 和各因素间的经验公式。

单位时间内磨除工件材料的体积与砂轮磨耗体积之比称为磨削比 $G_r$:

$$G_r = Q_w / Q_s$$

式中:$Q_w$ 为工件去除率,$mm^3/s$;$Q_s$ 为砂轮磨损率,$mm^3/s$。

砂轮磨损率 $Q_s$ 与磨削比 $G_r$ 成反比,粗磨时常用磨削比来评价砂轮的切削性能。

**3. 砂轮的修整**

砂轮磨损后需要重新进行修整,以恢复其切削能力和外形精度。砂轮修整是精密磨削的关键,包括整形和修锐两类。整形指的是对砂轮进行微量切削,使砂轮达到所要求的几何形状精度,并使磨粒尖端细微破碎,形成锋利的磨削刃。修锐指的是去除磨粒间的结合剂,使磨粒间有一定的容屑空间,并使磨刃突出于结合剂之外,形成磨削刃。普通砂轮的整形和修锐一般是合二为一进行的,超硬磨料砂轮的整形和修锐一般分开。砂轮修整包括车削法、磨削法、滚轧法、电解修整法、电火花修整法和超声波振动法等。

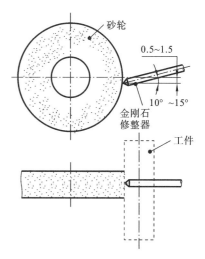

图 4-5　金刚石笔安装

1) 车削修整法

车削修整法又称金刚石修整法,以单颗粒金刚石或以细碎金刚石制成的金刚笔、金刚石修整块作为刀具车削砂轮,是应用最普遍的修整方法,也是超精密磨削和精密磨削最好的修整方法。如图 4-5 所示,安装在刀架上的金刚石刀具笔杆(金刚石修整器)前端倾斜 $10°\sim15°$,避免修整时振动或修整器刺入砂轮表面而损坏金刚石尖端;同时,金刚石与砂轮的接触点应低于砂轮轴线 $0.5\sim1.5$ mm,修整时金刚石作均匀的低速进给运动。此外,为避免金刚石石墨化,应尽量采用有切削剂的湿法修整,避免温度急冷急热。

2) 磨削修整法

磨削修整法用高速旋转的普通磨料砂轮或砂块与低速回转的超硬磨料砂轮对磨,普通磨料磨粒被破碎,切削超硬磨料砂轮上的树脂、陶瓷、金属结合剂,致使超硬磨粒脱落以达到修整砂轮的目的。

3) 滚轧修整法

滚轧修整法采用硬质合金圆盘、一组由波浪形白口铁圆盘或带槽的淬硬钢片套装而成的滚轮,与砂轮在一定压力下进行自由对滚,利用碳化硅、刚玉等游离磨粒的挤轧作用进行修锐使结合剂破裂形成容屑空间,并使磨粒表面崩碎形成微刃。

4) 电火花修整法

电火花修整法依靠电火花放电加工原理实现砂轮修整。此修整法适用于各种金属结合剂砂轮的在线、在位修整。若在结合剂中加入石墨粉,则此修整法可用于树脂、陶瓷结合剂砂轮的修整,既可整形,又可修锐。

5) 超声波振动修整法

超声波振动修整法用受激振动的簧片或超声波振动头驱动的幅板作为修整器,并在砂轮和修整器间加入游离磨粒撞击砂轮的结合剂,使超硬磨粒突出结合剂。

6) 电解修整法

在线电解砂轮修整技术(ELID)是专门应用于金属结合剂砂轮的修整方法,原理如图 4-6 所示。此修整法利用电化学腐蚀作用蚀除金属结合剂,多用于金属结合剂砂轮的修锐,对非金属结合剂砂轮无效。与传统电解修整方法相比,此修整法具有修整效率高、工艺简单、修锐质量高等特点,同时采用普通磨削液作为电解修整液,很好地解决了机床腐蚀问题。

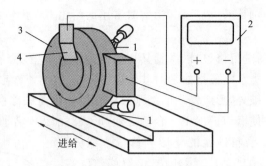

**图 4-6　ELID 磨削原理图**
1—冷却液；2—电源；3—金刚石砂轮（铁纤维结合剂）；4—电刷

ELID 磨削具有以下几个特点：① 磨削过程具有良好的稳定性；② 金刚石砂轮不会过快磨耗，提高了贵重磨粒的利用率；③ 磨削过程具有良好的可控性；④ 有效地实现了镜面磨削，大大减少了工件表面残留微裂纹。

### 4.1.3　固结磨粒磨削原理

**1. 磨削运动**

磨削加工类型不同，运动形式和运动数目也就不同。外圆与平面磨削时，磨削运动包括主运动、径向进给运动、轴向进给运动和工件圆周（或直线）进给运动四种形式，如图 4-7 所示。

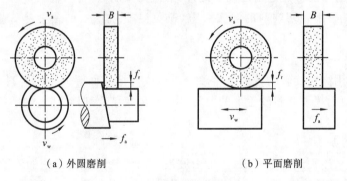

　（a）外圆磨削　　　　　　　　　　（b）平面磨削

**图 4-7　磨削时的运动**

1）主运动

砂轮回转运动称为主运动。主运动速度（即砂轮外圆的线速度），称磨削速度，用 $v_s$ 表示：

$$v_s = \frac{\pi d_s n_s}{6 \times 10^4} \tag{4.1}$$

式中：$v_s$ 的单位为 m/s；$d_s$ 为砂轮直径，mm；$n_s$ 为砂轮转速，r/min。

2）径向进给运动

砂轮切入工件的运动称为径向进给运动。工作台每单（双）行程内工件相对砂轮径向移动的距离，称径向进给量，以 $f_r$ 表示，单位为 mm/(d·str)（当工作台每单行程作进给时，单位为 mm/str）。当砂轮作连续进给时，用径向进给速度 $v_r$ 表示，单位为 mm/s。$f_r$ 通常又称磨削深度 $a_p$。一般情况下，$f_r = 0.005 \sim 0.02$ mm/(d·str)。

3）轴向进给运动

工件相对于砂轮沿轴向的运动称轴向进给运动。轴向进给量以 $f_a$ 表示，是指工件每一转（平面磨削时为工作台每一行程），工件相对于砂轮的轴向移动距离，单位为 mm/r 或 mm/str。

4）工件圆周（或直线）进给运动

外（内）圆磨削时，为工件的回转运动；平面磨削时，为工作台的直线往复运动。工件速度 $v_w$ 指工件圆周线速度，或工作台移动速度。

外圆磨削时：

$$v_w = \frac{\pi d_w n_w}{6 \times 10^4} \tag{4.2}$$

平面磨削时：

$$v_w = \frac{2 L n_t}{1000} \tag{4.3}$$

式（4.2）和式（4.3）中：$d_w$ 为工件外圆直径，mm；$n_w$ 为工件转速，r/min；$n_t$ 为工作台往复运动频率，$s^{-1}$；$L$ 为工作台行程，mm。

外圆磨削时，若同时具有 $v_s$、$v_w$、$f_a$ 连续运动，则为纵向磨削；如无轴向进给运动，即 $f_a = 0$，则砂轮相对于工件作连续径向进给，称为切入磨削或横向磨削。

平面磨削时，用砂轮圆轴表面磨削的方式称为周边磨削；若用砂轮的端面磨削，则称为端面磨削。

内圆磨削与外圆磨削运动相同，但因砂轮的直径受工件孔径尺寸的限制，砂轮轴刚性较差，切屑液不易冲刷磨削区，故磨削用量较小，磨削效率不如外圆磨削效率高。

**2. 磨削过程**

砂轮表面上磨粒可近似地看作一把微小的铣刀齿，其几何形状和角度有很大差异，致使切削情况相差较大。因此，必须研究单个磨粒的磨削过程。由于每个磨粒对切削层的作用各不相同，假设磨粒前后对齐，并均匀分布在砂轮的外圆表面，将砂轮看成一多齿铣刀，这样按照铣削切削厚度的计算方法来确定单个磨粒的切削厚度。考虑实际磨削中的复杂性，单个磨粒最大切削厚度公式可用一般通式表示，即

$$a_{cgmax} = C_{gw} \left( \frac{v_w}{v_s} \right)^\varepsilon \left( \frac{f_r}{d_{eq}} \right)^{\frac{\varepsilon}{2}} \tag{4.4}$$

式中：$a_{cgmax}$ 为单个磨粒最大切削厚度，mm；$C_{gw}$ 为砂轮形貌系数；$\varepsilon$ 为指数（$>0$）；$d_{eq}$ 为砂轮当量直径，定义为

$$d_{eq} = \frac{d_s}{1 \pm d_s / d_w} \tag{4.5}$$

分母中的加号用于外圆磨削，减号用于内圆磨削，而对于平面磨削 $d_w$ 无穷大，则有 $d_{eq} = d_s$。外圆磨削中砂轮当量直径总是小于 $d_s$；对于内圆磨削，砂轮当量直径总是大于 $d_s$。

不难看出，$a_{cgmax}$ 对磨粒的工作负荷、磨削力、磨削温度和加工质量均有较大影响。当 $a_{cgmax}$ 增大时，单位时间内的金属切除量将增多，即磨削效率提高，但将导致磨粒与砂轮过度磨损和加工表面质量下降。因此，从提高加工效率的角度看，在机床和砂轮允许的情况下，提高砂轮转速最有利。因为增大 $v_s$，使参加工作的磨粒数增加，从而使每颗磨粒的切削厚度减小。另外，在机床刚度较好的条件下，增大 $f_r$ 可减少走刀往复次数，也是行之有效的措施，这就是生产中的深磨法。

### 4.1.4　磨削温度和磨削液

**1. 磨削温度概念及影响因素**

磨削时由于磨削速度很高，而且切除单位体积金属所消耗的能量也高，为车削时的 10～

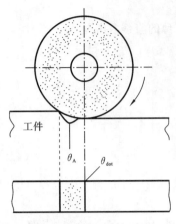

**图 4-8　磨削区温度 $\theta_A$ 和磨削点温度 $\theta_{dot}$**

20 倍,因此磨削温度很高。为了明确磨削温度的含义,把磨削温度区分为砂轮磨削区温度 $\theta_A$ 和磨粒磨削点温度 $\theta_{dot}$,如图 4-8 所示。两者是不能混淆的,如磨粒磨削点温度 $\theta_{dot}$ 瞬时可达 800~1200 ℃,而砂轮磨削区温度 $\theta_A$ 只有几百摄氏度。磨粒磨削点温度 $\theta_{dot}$ 不但影响加工表面质量,而且与磨粒的磨损等关系密切,磨削区温度 $\theta_A$ 与磨削表面烧伤和裂纹的出现密切相关。

影响磨削温度的主要因素如下。

1) 砂轮运动速度 $v_s$

砂轮运动速度增大,单位时间内的工作磨粒数将增多,单个磨粒的切削厚度变小,挤压和摩擦作用加剧,滑擦显著增多,还会使磨粒在工件表面上的滑擦次数增多,这些因素都将促使磨削温度升高。

2) 工件运动速度 $v_w$

工件运动速度增大就是热源移动速度增大,工件表面温度可能有所降低但不明显。这是由于工件运动速度增大后,增大了金属切除量,从而增加了发热量。因此,为了更好地降低磨削温度,应该在提高工件运动速度的同时,适当地减小径向进给量,使单位时间内的金属切除量保持为常值或略有增加。

3) 径向进给量 $f_r$

径向进给量的增大,将导致磨削过程中磨削变形力和摩擦力的增大,以及磨削温度的升高。

4) 工件材料

金属的导热性越差,则磨削区的温度越高。对钢来说,含碳量高则导热性差。铬、镍、铝、硅、锰等元素的加入会使导热性显著变差。合金的金相组织不同,导热性也不同,按奥氏体、淬火和回火马氏体、珠光体的顺序变化。磨削冲击韧性和强度高的材料,磨削区温度也比较高。

5) 砂轮硬度与粒度

用软砂轮磨削时的磨削温度低;反之则磨削温度高。由于软砂轮的自锐性强,砂轮工作表面上的磨粒经常处于锐利状态,减少了由于摩擦和弹性、塑性变形而消耗的能量,因此磨削温度较低。砂轮粒度粗时磨削温度低,其原因在于砂轮粒度粗则砂轮工作表面上单位面积的磨粒少,在其他条件均相同的情况下,与细粒度的砂轮相比,与工件接触面的有效面积较小,并且单位时间内与工件加工表面摩擦的磨粒少,有助于磨削温度的降低。

**2. 磨削液及其使用**

在磨削过程中,合理使用磨削液可降低磨削温度并减小磨削力,减少工件的热变形,减小已加工表面的表面粗糙度数值,改善磨削表面质量,提高磨削效率,延长砂轮寿命。

1) 磨削液的作用

磨削液的基本性能有冷却、润滑和清洗性能,根据不同情况的要求还有渗透性、防锈性、防腐性、消泡性、防火性、切削性和极压性等。下面主要介绍磨削液的冷却、润滑和清洗作用。

(1) 磨削液的冷却作用。

磨削液的冷却作用主要指靠热传导带走大量的切削热,从而降低磨削温度,延长砂轮的寿命,减少工件的热变形,提高加工精度。在磨削运动速度快、材料导热性差的情况下,磨削液的冷却作用尤显重要,磨削液的冷却性能取决于它的热导率、比热容、汽化热、汽化速度、流量、流速等。水溶液的热导率、比热容比油类的大得多,故水溶液的冷却性能要比油类的好,乳化液的冷却性能介于两者之间。

（2）磨削液的润滑作用。

切削金属时,切屑、工件与砂轮界面的摩擦可分为干摩擦、流体润滑摩擦和边界润滑摩擦三类。如果不用磨削液,则形成工件与砂轮接触的干摩擦,此时的摩擦系数较大;当加磨削液后,切屑、工件、砂轮之间形成一层润滑油膜,砂轮与工件直接接触面积很小或近于零,则成为流体润滑。流体润滑时摩擦系数很小,但在很多情况下,由于砂轮与工件界面承受很高的载荷,温度也较高,因此流体油膜大部分被破坏,造成部分金属直接接触,而由于润滑液的渗透和吸附作用,润滑液的吸附膜起到了降低摩擦系数的作用,这种状态为边界润滑。边界润滑时的摩擦系数大于流体润滑时的摩擦系数,但小于干摩擦时的。金属切削中的润滑大多属于边界润滑状态。

（3）磨削液的清洗作用。

磨削液具有冲刷磨削中产生的磨粉的作用,其清洗性能的好坏与磨削液的渗透性、流动性和使用压力有关。磨削液的清洗作用对丁精密磨削加工和自动线加工十分重要,而深孔加工时,要利用高压磨削液来进行排屑。

2）磨削液的添加剂

为了改善磨削液的性能所加入的化学物质称为添加剂,主要有油性添加剂、极压添加剂、表面活性剂等。

（1）油性添加剂。

油性添加剂含有极性分子,能与金属表面形成牢固的吸附膜,主要起润滑作用。但这种吸附膜只能在较低温度下起较好的润滑作用,故多用于低速精加工的情况。油性添加剂有动植物油（如大豆油、菜籽油、猪油等）、脂肪酸、胶类、醇类和脂类。

（2）极压添加剂。

常见的极压添加剂是含硫、磷、氯、碘等的有机化合物,这些化合物在高温下与金属表面起化学反应,形成化学润滑膜。极压添加剂的物理吸附膜能耐较高的温度。

（3）表面活性剂。

表面活性剂是一种有机化合物,它的分子由极性基团和非极性基团两部分组成。前者亲水,可溶于水;后者亲油且溶于油。油与水本来是互不相溶的,加入表面活性剂后,表面活性剂能定向地排列并吸附在油水两极界面上,极性端向水、非极性端向油,把油和水连接起来,降低油水的界面张力,使油以微小的颗粒稳定地分散在水中,形成稳定的水包油乳化液。

（4）其他添加剂。

其他添加剂有防锈添加剂（如亚硝酸钠、石油磺酸钠等）、抗泡沫添加剂（如二甲基硅油）和防霉添加剂（如苯酚等）。

根据实际需要,综合使用几种添加剂,可制备效果良好的磨削液。

3）磨削液的分类与使用

（1）磨削液的分类。

最常用的磨削液,一般分为非水溶性磨削液和水溶性磨削液两大类。非水溶性磨削液主要指磨削油,其中有各种矿物油（如机械油、轻柴油、煤油等）,动植物油（如大豆油、猪油等）和加入油性添加剂、极压添加剂的混合油,主要起润滑作用。

水溶性磨削液主要有水溶液和乳化液。水溶液的主要成分为水并加入防锈剂,也可以加入一定量的表面活性剂和油性添加剂。乳化液是由矿物油、乳化剂及其他添加剂配制的乳化油和95%～98%的水稀释而成的乳白色磨削液。水溶性磨削液有良好的冷却作用和清洗作用。

离子型磨削液是水溶性磨削液中的一种新型磨削液,其母液是由阴离子型、非离子型表面活性剂和无机盐配制而成的。它在水溶液中能离解成各种强度的离子。磨削时,由强烈摩擦所产生的静电荷可由这些离子反应迅速消除,以降低磨削温度,提高加工精度,改善表面质量。

(2) 磨削液的选用。

磨削的特点是温度高、工件易烧伤,同时产生大量的细屑、砂末,会划伤已加工表面,因而磨削时使用的磨削液应具有良好的冷却、清洗作用,并有一定的润滑性能和防锈作用。一般常用乳化液和离子型磨削液。在磨削难加工材料时均处于高温高压边界润滑状态,因此宜选用极压磨削油或极压乳化液。

(3) 磨削液的使用方法。

普通的使用方法是浇注法,但流速慢、压力低,难以直接渗透到最高温度区,影响使用效果。另一种是喷雾冷却法,以 0.3～0.6 MPa 的压缩空气,通过喷雾装置使磨削液雾化,从直径 1.5～3 mm 的喷嘴高速喷射到磨削区,高速气流带着雾化成微小液滴的磨削液渗透到磨削区,在高温下迅速汽化,吸收大量的热,从而获得良好的冷却效果。

# 4.2　精密与超精密磨削加工技术

## 4.2.1　精密与超精密磨削加工的概念

精密磨削是指加工精度为 $1～0.1\ \mu m$、表面粗糙度 $Ra0.16～0.04\ \mu m$ 的磨削,一般用于机床主轴、轴承、液压滑阀、滚动导轨、量规等的精密加工。超精密磨削是一种亚微米级的加工方法,并正向纳米级加工发展。它是指加工精度高于 $0.1\ \mu m$、表面粗糙度低于 $Ra0.04\ \mu m$ 的砂轮磨削方法,适宜于对黑色金属(如钢铁材料)及陶瓷、玻璃等硬脆材料的加工。超精密磨削对磨床的精度、砂轮的修整和环境控制要求很高。通常所说的镜面磨削是指加工表面粗糙度 $Ra\leqslant 0.01\ \mu m$,表面光洁如镜的磨削方法。各种磨削方法所能达到的表面粗糙度列入表 4-3 中。

表 4-3　各种磨削方法所能达到的表面粗糙度

| 磨 削 方 法 | 普通磨削 | 精密磨削 | 超精密磨削 | | 镜面磨削 |
|---|---|---|---|---|---|
| 表面粗糙度 $Ra/\mu m$ | 0.16～1.25 | 0.04～0.16 | 0.01～0.04 | | $\leqslant 0.01$ |
| 砂轮粒度 | 46#～60# | 60#～80# | 60#～320# | 1000#～1800# | 1500#～1800# |
| 光磨次数(单行程) | — | 1～3 | 4～6 | 5～15 | 20～30 |

## 4.2.2　精密与超精密磨削加工机理

### 1. 加工机理

精密、超精密磨削主要是靠砂轮具有的微刃性和等高性磨粒来实现,其磨削机理如下。

1) 微刃的微切削作用

对砂轮实施精细修整后,能够得到如图 4-9 所示的微刃,其效果等效于砂轮磨粒的粒度变细,同时参加切削的刃口增多,深度减小,微刃的微切削作用形成了较小表面粗糙度数值的

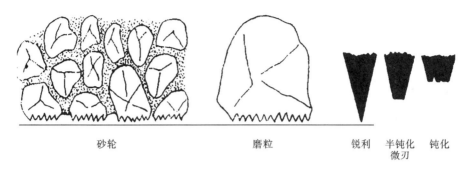

砂轮　　　　　　　　　　磨粒　　　　　　　锐利　半钝化　钝化
　　　　　　　　　　　　　　　　　　　　　　　　　　微刃

图 4-9　微粒微刃性

表面。

2）微刃的等高切削作用

由于微刃是在砂轮精细修整的基础上形成的,因此分布在砂轮表层的同一深度上的微刃数量多、等高性好,从而使加工表面的残留高度极小,因而形成了较小表面粗糙度数值的表面。

修整后的砂轮微刃比较锐利,切削作用强,随着磨削时间的增加,微刃逐渐钝化,因而切削作用减弱,滑挤、摩擦、抛光作用加强。同时,磨削区的高温使金属软化,钝化微刃的滑擦和挤压将工件表面凸峰碾平,降低了表面粗糙度数值。

3）弹性变形的作用

磨削时,法向分力是切向分力的两倍以上,由此产生的弹性变形所引起的切削深度变化对原有的微小切削深度来说是不能忽视的,因此需要反复进行无火花磨削以磨削该弹性变形的恢复部分。

**2. 磨粒状态及作用**

根据砂轮工作表面的形貌特点,其磨粒工作状态有三种:

（1）参加切除材料的,称为有效磨粒;

（2）与切削层材料不接触的,称无效磨粒;

（3）刚好与切削层金属接触,仅产生滑擦而切不下材料。

以切削金属材料为例,单颗有效磨粒切削过程如图 4-10 所示:当磨粒刚进入切削区时,磨粒对切削层金属产生挤压和摩擦,材料出现弹性变形;随着挤压力加大,磨粒切入工件,但只刻

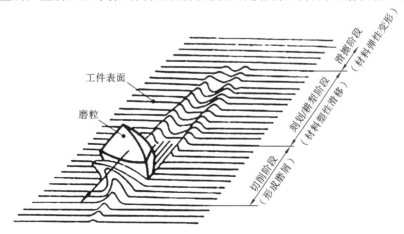

图 4-10　单颗有效磨粒的切削过程

划出沟槽,金属被挤向两侧,形成隆起,材料出现塑性滑移;当继续切入时,磨粒切削厚度进一步加大,磨粒前面金属开始沿其流动而形成磨屑。因此,磨屑形成过程可划分三个阶段:滑擦阶段、刻划/耕犁阶段和切削阶段。

### 4.2.3　精密与超精密磨削对机床的要求

精密机床是实现精密加工的首要基础条件。随着加工精度要求的提高和精密加工技术的发展,机床的精度不断提高,精密机床和超精密机床也在迅速发展。精密磨削加工要在相应的精密磨床上进行,所用磨床应满足以下要求。

**1. 高几何精度**

精密磨床应有高的几何精度,主要有砂轮主轴的回转精度和导轨的直线度,以保证工件的几何形状精度。主轴轴承可采用液体静压轴承、短三块瓦或长三块瓦类型的油膜轴承,整体多油楔式动压轴承及动静压组合轴承等。当前采用动压轴承和动静压组合轴承较多,这些轴承精度高、刚度好、转速也较高;而静压轴承精度高、转速高,但刚度差些,用于功率较大的磨床不太合适。主轴的径向圆跳动一般应小于 $1\ \mu m$,轴向圆跳动应限制在 $2\sim3\ \mu m$ 以内。

**2. 低速进给运动的稳定性**

由于砂轮的修整导程要求 $10\sim15$ mm/min,因此工作台必须低速进给运动,要求无爬行和无冲击现象并能平稳工作。这就要求对机床工作台运动的液压系统进行特殊设计,采取排除空气、低流量节流阀、工作台导轨压力润滑等措施,以保证工作台的低速运动稳定性。对于横向进给,也应保证运动的平稳性和准确性,应有高精度的横向进给机构,以保证工件的尺寸精度,以及砂轮修整时的微刃性和等高性。

**3. 减少振动**

精密磨削时如果产生振动,会对加工质量产生严重不良影响。因此对于精密磨床,在结构上应考虑减少机床振动。主要措施有以下几方面。

(1)电动机的转子应进行动平衡,电动机与砂轮架之间的安装要进行隔振,如垫上硬橡胶或木块。如果结构上允许,电动机最好与机床脱开,分别安装在地基上。

(2)砂轮要进行动平衡,应当安装在主轴上之后进行动平衡,可采用便携式动平衡仪表,如果没有动平衡的条件,则应进行精细静平衡。

(3)精密磨床最好能安装在防振地基上工作,可防止外界干扰。如果没有防振地基,应在机床和地面之间加上防振垫。

**4. 减少热变形**

机床上的热源有内部热源与外部热源,内部热源与机床热变形有关,外部热源与使用情况有关。精密磨削中的热变形引起的加工误差会达到总误差的 $50\%$,故机床和工艺系统的热变形已经成为实现精密磨削的主要障碍。精密磨削应在 $(20\pm0.5)$ ℃恒温室内进行,对磨削区冲注大量磨削液以排除外部热源的影响。磨削过程中各种热源产生的热量,一部分向周围空间散失,一部分被磨削液带走,随着热量的积聚与散失趋向平衡,热变形亦逐渐稳定。磨床开启后经过 $3\sim4$ h 趋向热平衡,精密磨削在机床热变形稳定后进行。

## 4.3　磨削加工表面及亚表面质量控制

为了获得尺寸精度、形状精度及表面质量等都十分优良的机械零件,从毛坯开始就进行一系列复杂的机械加工过程,磨削加工一般安排在后期加工阶段。磨削质量可从以下几方面来讨论。

(1) 加工表面/亚表面的几何特征,如表面粗糙度、加工表面/亚表面缺陷。

(2) 加工表面层材料的性能,如反映表面层的塑性变形与加工硬化、表面层的残余应力及表面层的金相组织变化等方面的力学性能及一些特殊性能。

## 4.3.1　磨削加工表面质量

### 1. 磨削加工表面粗糙度数值

1) 几何因素的影响

磨削表面是由砂轮上大量磨粒刻划出大量极细沟槽形成的。单纯从几何因素考虑,可以认为在单位面积上刻痕越多,即通过单位面积的磨粒越好,刻痕的等高性越好,则磨削表面的表面粗糙度数值越小。

(1) 磨削用量对表面粗糙度数值的影响。

砂轮的运动速度越快,单位时间内通过被磨表面的磨粒就越多,因而工件表面的表面粗糙度数值就越小;工件运动速度对表面粗糙度数值的影响恰好与砂轮运动速度的影响相反,增大工件运动速度时,单位时间内通过被磨表面的磨粒减少,表面粗糙度数值将增大。砂轮的磨削深度减小,工件表面的每个部位被砂轮重复磨削的次数增加,被磨削表面的表面粗糙度数值将减小。

(2) 砂轮粒度对表面粗糙度数值的影响。

砂轮的粒度不仅表示磨粒的大小,而且还表示磨粒之间的距离,磨粒粒径越大,相应的磨粒间平均距离也越大。磨削金属时,参与磨削的每一颗磨粒都会在加工表面上刻出与它的大小和形状相同的一道沟槽。在相同的磨削条件下,砂轮的磨粒粒径越小,参加磨削的磨粒越多,工件表面粗糙度数值就越小。

(3) 砂轮修整对表面粗糙度数值的影响。

修整砂轮的纵向进给量对磨削表面的表面粗糙度数值影响很大。用金刚石修整砂轮时,金刚石在砂轮外缘上打出一道螺旋槽,其螺距等于砂轮转一转时金刚石笔在纵向的移动量,砂轮表面的不平整情况在磨削时将被复印到被加工表面上。修整砂轮时,金刚石笔的纵向进给量越小,砂轮表面磨粒的等高性越好,被磨工件的表面粗糙度数值就越小。

2) 物理因素的影响

物理因素的影响主要是指表面层金属的塑性变形对粗糙度的影响。砂轮磨削时的速度远比一般切削加工的速度高,磨削区温度很高,工件表层温度有时可达 900 ℃,工件表层金属容易产生相变而烧伤。因此,磨削过程的塑性变形要比一般切削过程大得多。

由于塑性变形的缘故,被磨表面在力因素和热因素的综合作用下,表层金属的晶粒在横向上被拉长了,有时还产生细微的裂口和局部的金属堆积现象。影响磨削表层金属塑性变形的因素,往往是表面粗糙度的决定因素。

(1) 磨削用量。

砂轮运动速度越快,就越有可能使表层金属塑性变形的传播速度大于切削速度,工件材料来不及变形,致使表层金属的塑性变形减小,磨削表面的表面粗糙度数值将明显减小。工件运动速度增加,塑性变形增加,表面粗糙度数值将增大。磨削深度对表层金属塑性变形的影响很大,增大磨削深度,塑性变形将随之增大,被磨削表面的表面粗糙度数值会增大。

（2）砂轮。

砂轮的粒度、硬度、组织和材料的选择不同，都会对被磨削工件表层金属的塑性变形产生影响，进而影响表面粗糙度数值。单纯从几何因素考虑，砂轮粒度越细，磨削的表面粗糙度数值越小。但磨粒太细时，不仅砂轮易被磨屑堵塞，若导热情况不好，还会在加工表面产生烧伤等现象，使表面粗糙度数值增大。砂轮选得太硬，磨粒不易脱落，磨钝了的磨粒不能及时被新磨粒所替代，从而使表面粗糙度数值增大；砂轮选得太软，磨粒容易脱落，磨削作用减弱，但会使表面粗糙度数值增大。

**2. 磨削加工后残余应力**

磨削加工中，塑性变形严重且热量大，工件表面温度高，热作用和塑性变形对磨削表面残余应力的影响都很大。在磨削过程中，若热起主导作用，工件表面将产生拉伸残余应力；若塑性变形起主导作用，工件表面将产生压缩残余应力。影响磨削残余应力的工艺因素有以下几点。

1）磨削用量的影响

磨削深度 $a_p$ 对表面层残余应力的性质、数值有很大影响。当磨削深度很小时，塑性变形起主要作用，因此磨削表面形成压缩残余应力。继续增大磨削深度，塑性变形加剧，磨削热随之增多，热的作用逐渐占主导地位，在表层产生拉伸残余应力。随着磨削深度的增大，拉伸残余应力的数值将逐渐增大。

提高砂轮运动速度，磨削区温度增高，而每颗磨粒所切除的金属厚度减小，此时热的作用增大，塑性变形的影响减小，因此提高砂轮运动速度将使表面金属产生拉伸残余应力的倾向增大。加大工件的回转速度和进给速度，将使砂轮与工件热作用的时间缩短，热的影响将逐渐减小，塑性变形的影响逐渐加大。这样，表层金属中产生拉伸残余应力的趋势逐渐减小，而产生压缩残余应力的趋势逐渐增大。

2）工件材料的影响

一般来说，工件材料的强度越高、导热性越差、塑性越低，在磨削时表面金属产生拉伸残余应力的倾向就越大。碳素工具钢 T8 比工业纯铁强度高，材料的变形阻力大，磨削时发热量也大，且 T8 钢的导热性比工业纯铁差，磨削热容易集中在表面金属层，再加上 T8 钢的塑性低于工业纯铁，因此磨削碳素工具钢 T8 时，热作用比磨削工业纯铁明显，表层金属产生拉伸残余应力的倾向比磨削工业纯铁大。

### 4.3.2 硬脆非金属材料磨削亚表面缺陷及控制

硬脆材料的磨削过程类似于刚性压头（尖锐压头或微小球形压头）在材料表面的大规模印压作用的过程。砂轮上的磨粒相当于压头，其硬度大于工件硬度，当压头以超过某一临界值的载荷作用于材料表面时，会在工件内部引起微裂纹。

**1. 亚表面裂纹的形成机制**

以金刚石砂轮磨削玻璃工件为例，金刚石以一定的压力在工件表面滑动并破坏表面。如图 4-11 所示，在一定压力下，金刚石磨粒压头下方产生一个非弹性变形区，当拉应力超过材料的极限应力时，首先在接触区下方出现不可逆转的塑性变形；随着载荷的增大，将会形成具有弹塑性接触特征的侧向裂纹和中位

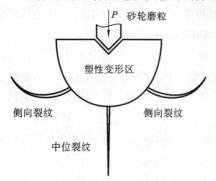

**图 4-11** 尖锐压头形成的亚表面裂纹结构

裂纹系统。

**2. 磨削亚表面裂纹分布及深度**

以高功率激光聚变系统中广泛应用的 BK7 玻璃磨削加工为例,介绍精密/超精密磨削亚表面裂纹分布特性及其与磨削参数的关系。图 4-12 所示为某 D91(粒径 75～90 $\mu$m)砂轮磨削的工件表面及亚表面裂纹的分布情况,图例标尺长度为 50 $\mu$m。从工件表面至表面以下一定深度处,亚表面裂纹经历了从密到疏、从有到无的变化过程,将裂纹消失时所对应的深度定义为工件的亚表面缺陷深度,因此,该工件的亚表面缺陷深度为 27.5 $\mu$m。

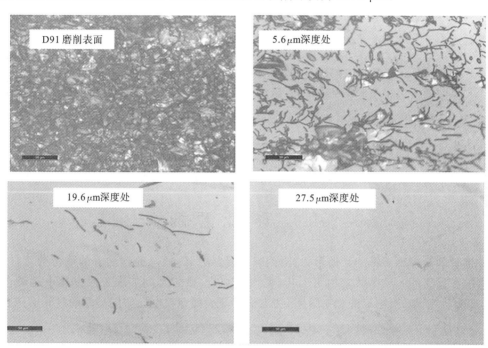

**图 4-12　D91 砂轮磨削的工件表面/亚表面裂纹分布**

同样对 D15(粒径 10～15 $\mu$m)及 80$^\#$(粒径 160～200 $\mu$m)砂轮磨削工件进行亚表面裂纹研究,发现亚表面裂纹形貌和尺寸与磨粒粒径密切相关。细磨料 D15 磨削后亚表面裂纹较短,形貌类似于细小的椭圆状;D91 和 80$^\#$ 磨料产生的亚表面裂纹尺寸较大,呈现细长形,且粗磨料 80$^\#$ 磨削产生的裂纹长度通常大于 D91 磨削的。在其他加工条件相同的情况下,三种磨粒产生的亚表面裂纹深度如图 4-13 所示,依次为 9.4 $\mu$m、27.5 $\mu$m 和 85.7 $\mu$m。因此,磨粒粒径越大,亚表面裂纹在表面以下延伸的深度越大。

**3. 磨削参数与亚表面缺陷深度的关系**

(1)砂轮转速对亚表面缺陷深度的影响。

砂轮转速提升后,磨削过程中单颗磨粒的切削深度有所减小,导致单颗磨粒作用于工件表面的法向磨削力减小;同时,有更多的磨粒有机会与工件表面接触,对工件造成一定的破坏。因此,亚表面缺陷深度对砂轮转速的变化并不敏感。

(2)进给速度对亚表面缺陷深度的影响。

进给速度直接影响了磨削时的加工效率和材料去除量,进给速度的提高可能导致同一磨粒在进给方向上划痕间距的增加,并且可能加大单颗磨粒的法向切削力。因此,提高进给速度将对工件造成更严重的破坏,从而导致更严重的亚表面缺陷。

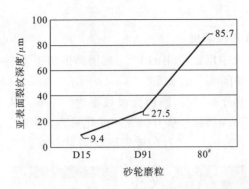

图 4-13　亚表面裂纹深度与磨粒粒度的关系

（3）切入深度对亚表面缺陷深度的影响。

切入深度的增大将引起单颗磨粒切削深度的增加，导致单颗磨粒法向磨削力的增大，同时，磨粒有机会进入材料内部更深处进行破坏，从而引起更大的材料碎片崩碎和更严重的亚表面缺陷。

因此，实际加工时，应合理控制磨削参数，在不影响工件其他性能的前提下，尽量降低工件亚表面缺陷深度，减少后续抛光工序的材料去除量、提高加工效率，并改善工件的加工质量。

# 4.4　砂带磨削

砂带磨削是根据工件的几何形状，用相应的接触方式，使高速运动着的砂带与工件接触，进行磨削和抛光的一种高效的加工工艺（见图 4-14）。砂带磨削的加工效率几乎超过了常规的车削、铣削、刨削、磨削等的加工效率，加工精度及表面粗糙度已与同类型的砂轮磨床相当。

图 4-14　砂带磨削加工图

砂带磨削机理和砂轮磨削相似，是一种多刀多刃的特殊形态切削方式，其切削过程也经过滑擦、刻划/耕犁和切削三个阶段。由于砂带具有磨粒尺寸均匀、等高性好、容屑空间大、切削刃锋利等特点，因此砂带磨削与砂轮磨削相比有如下优点。

（1）砂带周长比砂轮周长大，因此砂带磨削时有足够时间将磨削热散失到空气中去，故砂带磨削不用冷却液，也不会出现烧伤和裂纹，属于"冷态磨削"。

（2）砂带磨削属于弹性磨削，砂带与工件柔性接触，磨粒载荷小且均匀，工件受力、热作用小,因此工件变形小,加工系统稳定性好,适宜磨削刚度较差的长轴和薄壁套筒零件。

(3)砂带磨削具有磨削和抛光作用,所以加工精度高,表面粗糙度数值小。加工精度最高可达 $1\ \mu m$,表面粗糙度可达 $Ra0.02\ \mu m$,但不能改善几何形状误差。

(4)砂带磨削效率高,效率为铣削的 10 倍、磨削的 5 倍,有"高效磨削"之称,是目前金属切削机床中效率最高的一种。

(5)砂带磨削应用范围广,可用于外圆、平面、复杂型面的磨削,而且还可以磨削几乎所有的材料。

(6)砂带磨削的经济效益十分显著。砂带磨床成本比铣床和砂轮磨床都低,调整容易,操作简单。

### 4.4.1　涂覆磨具

用涂敷方法形成的砂带称为涂覆磨具或涂敷磨具,即将磨粒用黏结剂均匀地涂覆在纸、布或其他复合材料基底上的磨具,其结构如图 4-15 所示。砂带由磨粒、基底和黏结剂等组成。

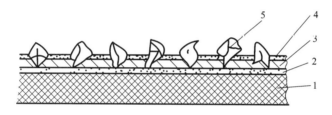

**图 4-15　涂覆磨具结构示意图**
1—基底;2—黏结剂(黏结膜);3—黏结剂(底胶);4—黏结剂(覆胶);5—磨粒

**1. 涂覆磨具的分类**

根据涂覆磨具的形状、基底材料和工作条件与用途等的不同,涂覆磨具产品有干磨砂布、干磨砂纸、耐水砂布、耐水砂纸、环状砂带、卷状砂带等。

**2. 磨料及粒度**

常用的涂覆磨料有棕刚玉、白刚玉、铬刚玉、锆刚玉、黑色碳化硅、绿色碳化硅、氧化铁、人造金刚石等。涂覆磨料通常要经过水洗、酸洗、风选等加工步骤,其粒度与普通磨料粒度近似,但无论是粗磨粒还是微粉,一律用冠以 P 字的粒度号表示,具体可查有关手册。

**3. 黏结剂**

黏结剂又称为胶,其作用是将磨粒牢固地粘接在基底上。黏结剂是影响涂覆磨具性能和质量的重要因素。根据涂覆磨具基底材料、工作条件和用途等的不同,黏结剂又可分为黏结膜、底胶和覆胶。黏结剂种类包括:动物胶、树脂、高分子化合物等。

(1)动物胶:主要有皮胶、明胶、骨胶等,其价格便宜,但溶于水易受潮,用于轻切削的干磨和油磨。

(2)树脂:主要有醇酸树脂、氨基树脂、尿醛树脂、酚醛树脂等,用于难加工材料或复杂型面的磨削或抛光。

(3)高分子化合物:如聚乙酸乙烯酯,用于精密磨削,但成本较高。

**4. 涂覆方法**

涂覆方法是影响涂覆磨具质量的重要因素之一,不同品种的涂覆磨具可采用不同的涂覆方法,以满足使用要求。当前,涂覆磨具的制造方法有重力落砂法、涂敷法和静电植砂法等。

### 4.4.2  复杂曲面的超精密砂带磨削

砂轮的高刚度,使其在适应复杂曲面面形(尤其是大陡度面形)时表现出一定的劣势。复杂曲面的超精密砂带磨削以砂带作为磨具,依工件形状和加工要求使高速运转的砂带与工件接触,达到磨削或研磨抛光的加工工艺。目前国内汽轮机、航空发动机等叶片类复杂曲面零件的精密超精密加工大都采用砂带磨削。

### 4.4.3  砂带磨削装置及组成

砂带磨床由砂带驱动机构、磨头主轴系、接触轮、砂带张紧机构、张紧轮、磨头装置等基本部分组成。为了改善磨削效果,有的砂带磨床还附有砂带振动装置。其中,接触轮是砂带工作时的支承件,利用接触轮可以控制砂带对工件的接触压力和切削角度,也可以通过更换不同直径的接触轮来改变砂带的切削速度。因此,接触轮对砂带磨削的材料切除率和工件表面粗糙度等有直接的影响。

砂带磨床按不同加工对象可分为平面、内圆、外圆及复杂型面磨床。以外圆砂带磨床为例,如图 4-16 所示,砂带绷在驱动轮、接触轮和张紧轮上,压下张紧轮即可更换砂带,工件由两个顶尖装夹。该砂带磨床上砂带与工件有两种接触方式:自由式磨削,即在砂带自由边上磨削;接触轮式磨削,即在接触轮的压力下磨削。前者磨削稳定可靠,可实现很高的切削率;后者有很强的摩擦抛光作用,可实现高精度、低粗糙度加工。

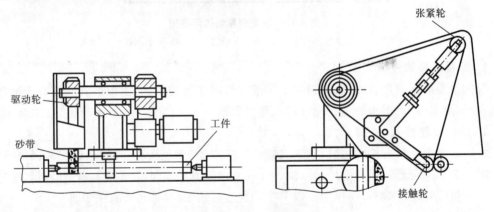

图 4-16  外圆砂带磨床

# 复习思考题

1. 磨削加工根据工件表面的形式和工作特点可以分为哪些类型?

2. 磨削加工中磨削温度是如何产生的?试说明影响磨削温度的主要因素,简述改善磨削烧伤的工艺路径。

3. 磨削液的作用有哪些?如何选用合适的磨削液?

4. 磨削加工中如何合理地进行磨粒粒度选择?

5. 砂轮修整的常用方法有哪些?请简单介绍车削修整法和电解修整法。

6. 简述精密磨削加工机理,以及磨削用量对磨削加工表面/亚表面质量的影响。

7. 什么是砂带磨削?砂带磨削和砂轮磨削有何相同与不同之处?

# 思政小课堂

**绿色制造强国战略　精密加工从我做起**　2016 年 3 月 11 日,"十三五"规划纲要(草案)提出:要实施制造强国战略,深入实施《中国制造 2025》,以提高制造业创新能力和基础能力为重点,推进信息技术与制造技术深度融合,促进制造业朝高端、智能、绿色、服务方向发展,培育制造业竞争新优势。与此同时,当年的政府工作报告也提出,要启动工业强基、绿色制造、高端装备等重大工程。

全面实施绿色制造工程是制造强国建设的战略任务,也是推进供给侧结构性改革的重要举措。工信部节能与综合利用司司长高云虎曾表示:"不管是从传统制造向先进制造发展,还是从过去的粗放式向集约式发展,从过去的高消耗、高投入、高排放向资源节约型方向发展,都属于转型升级的工作范畴。"因此,绿色制造和绿色发展不仅包括对能耗和物耗等生产成本的节约,更应包括对污染排放的严格控制。

磨削液是磨削加工中用于润滑、冷却,甚至清洗、防锈的重要媒介,但也属于污染比较大的工业废水,因此,国家明确规定:废旧磨削液必须经过处理后才能进行排放。磨削液排放前通常需要经蒸发浓缩处理(采用磨削液废水处理设备或低温蒸发器),使得废水进入低温真空蒸发器并在真空低温条件下蒸发,水蒸气在抽真空过程中冷凝形成蒸馏水,收集至清水储存罐中,剩余的微量废物再通过外协进行处理。通过蒸发器的蒸发,废水量可减少 95 % 以上,且蒸馏液可回用或进一步处理,达到中水程度或排放标准。

# 第5章 超精密研磨与抛光

游离磨粒加工技术主要包括研磨和抛光,是利用研磨剂使工件与研磨工具(以下简称研具)进行单纯的对研而获得高质量、高精度工件的加工方法,多用于最终工序加工。

## 5.1 精密研磨加工及应用

研磨是历史悠久、应用广泛而又在不断发展的加工方法。研磨在古代用于擦光宝石、铜镜等;在近代作为抛光的前道工序用于加工精密的工件,如透镜和棱镜等光学工件。

### 5.1.1 研磨加工机理

研磨是将研具表面嵌入磨粒或敷涂磨粒并添加润滑剂,在一定的压力作用下,使工件和研具接触并作相对运动,通过磨粒作用,从工件表面切去一层极薄的切屑,使工件具有精确的尺寸、准确的几何形状和很低的表面粗糙度。这种对工件表面进行精密加工的方法,叫作研磨,其加工模型如图 5-1 所示。

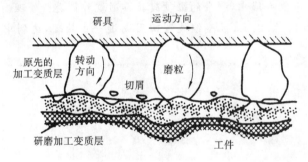

图 5-1 研磨加工模型

研磨加工中所用磨粒是硬度比被加工材料更高的微米级磨粒,其在研具(由铸铁、软铜、紫铜、黄铜、铅、硬木制成)作用下产生微切削和滚轧作用,实现被加工表面的微量材料去除。磨粒的工作状态有如下三类:

(1)磨粒在工件与研具之间发生滚动,产生滚轧效果;

(2)磨粒压入研具表面,用露出的磨粒尖端对工件表面进行刻划,实现微切削加工;

(3)磨粒对工件表面的滚轧与微量刻划同时作用。

研磨表面的形成,是在产生切屑、研具的磨损和磨粒破碎等综合在一起的复杂情况下进行的。根据工件的不同,研磨加工作用机制和过程也有所不同。

**1. 硬脆材料的研磨**

一部分磨粒由于研磨压力的作用,嵌入研磨盘表面,用露出的尖端刻划工件表面进行微切削加工;另一部分磨粒则在工件与研磨盘之间发生滚动,产生滚轧效果。磨粒不是作用于镜面而是作用在有凸凹和裂纹等的表面上,在给磨粒加压时,在硬脆材料加工表面的拉伸应力最大部位产生微裂纹,纵横交错的裂纹扩展并产生脆性崩碎从而形成磨屑,达到表面去除的目的。

因此,研磨硬脆材料时,要控制裂纹的大小和均匀性,通过选择磨粒的粒度及控制粒度的均匀性,可避免产生特别大的加工缺陷。

**2. 金属材料的研磨**

当金属表面用硬压头压入时,只在表面产生塑性变形的压坑,不会发生脆性材料那样的破碎和裂纹。研磨时,磨粒的研磨作用相当于极微量切削和磨削时的状态。磨粒是游离状态的,其与工件仅维持断续的研磨状态,研磨表面不会产生裂纹。但研磨铝、铜等软质材料时,磨粒会被压入工件材料内,影响表面质量。

## 5.1.2 研磨加工分类

**1. 按操作方法不同分类**

按操作方法不同,研磨加工可分为手工研磨和机械研磨。手工研磨主要用于单件小批量生产和修理工作中,但也用于形状比较复杂、不便于采用机械研磨的工件的研磨中。在手工研磨中,操作者的劳动强度很大,并要求技术熟练,特别是某些高精度的工件,如量块、多面棱体、角度量块等,多采用手工研磨。机械研磨主要应用于大批量生产中,特别是几何形状不太复杂的工件的研磨中,经常采用这种研磨方法。

**2. 按研磨剂使用的条件分类**

按研磨剂使用的条件,研磨加工可分为湿研、干研和半干研三种。湿研又称敷料研磨,它是将研磨剂连续涂敷在研具表面,磨粒在工件与研具间不停地滚动和滑动,形成对工件的切削运动。湿研金属切除率高,多用于粗研和半精研。干研又称嵌砂(或压砂)研磨,它是在一定的压力下,将磨粒均匀地压嵌在研具的表层中进行研磨。此法可获得很高的加工精度和很小的表面粗糙度数值,故在加工表面几何形状和尺寸精度方面优于湿磨,但效率较低。半干研磨类似于湿研,它所使用的研磨剂是糊状的,粗、精研均可采用。

**3. 按加工表面的形状和数目分类**

按加工表面的形状和数目,研磨加工可分为平面、外圆、内孔、球面、螺纹、成形表面和啮合表面轮廓研磨,既可以进行单面研磨,又可以进行双面研磨。单面研磨加工时,工件的质量和工件上方压头的压力共同作用在研磨盘上形成研磨压强,磨粒只与工件的一面发生接触和作用。如图 5-2 所示,行星传动式双面研磨机中工件双面均与磨粒接触,由中心传动齿轮带动多个工件夹盘,该夹盘本身在传动中就是一个行星齿轮,行星齿轮外面同时与一个中心内齿轮啮合。行星齿轮除了以一定的转速自转以外,还公转,研磨盘以特定的转速旋转。工件置于行星齿轮(即工件夹盘)的槽孔中,并随行星齿轮与研磨盘作相对运动。

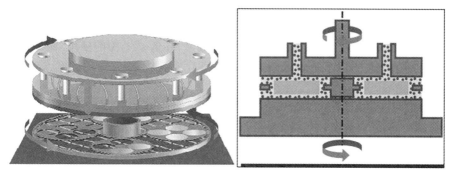

图 5-2 双面研磨机工作示意及原理图

### 5.1.3　研磨加工的特点

研磨可以使工件获得极高的精度,其根本原因是这种工艺方法和其他工艺方法比较起来有以下几个方面特点。

(1)在机械研磨中,机床-工具-工件系统处于弹性浮动状态,这样可以自动实现微量进给,因而保证工件获得极高的尺寸精度和几何形状精度。

(2)研磨时,被研磨工件不受任何强制力的作用,因而处于自由状态。这一点对于刚性比较差的工件而言尤其重要;否则,工件在强制力作用下将产生弹性变形,在强制力去除后,由于弹性恢复,工件精度将受到严重破坏。

(3)研磨运动的速度通常在 30 m/min 以下,这个数值约为磨削速度的 1%。因此,研磨时工件运动的平稳性好,能够保证工件有良好的几何形状精度和位置精度。

(4)微量切削。由于众多磨粒参与研磨,单个磨粒所受载荷很小,控制适当的加工载荷范围,可得到小于 1 $\mu$m 的切削深度。因此,产生的热量少,加工变形小,表面变质层也薄,加工后的表面有一定的耐蚀性和耐磨性。

(5)多刃多向切削。磨粒形状不一致,分布随机,有滑动、滚动,可实现多方向切削。

(6)研磨表层存在残余压应力,有利于提高工件表面的疲劳强度。

(7)操作简单,一般不需要复杂昂贵的设备。除了可采用一定的设备来进行研磨外,还可以采用简单的研磨工具,如研磨芯棒、研磨套、研磨平板等进行机械和手工研磨。

(8)适应性好。不仅可以研磨平面、内圆、外圆,而且可以研磨球面、螺纹;不仅适合手工单件生产,而且适合成批机械化生产;不仅可加工钢材、铸铁、有色金属等金属材料,而且可加工玻璃、陶瓷、钻石等非金属材料。

(9)研磨可获得很低的表面粗糙度。研磨属微量切削,切削深度小,且运动轨迹复杂,有利于降低工件表面粗糙度;研磨时基本不受工艺系统振动的影响。

### 5.1.4　研磨工艺

研磨工件的加工质量与研具、研磨剂、研磨压力、研磨速度、研磨时间及研磨轨迹等因素有关。

**1. 研具**

研磨加工中的研具,包括研磨砖、研磨棒、研磨板和研磨盘等,其中研磨盘应用最为广泛。研具的常用材料有:铸铁、软钢、青铜、黄铜、铝、玻璃和沥青等。研具的主要作用,一方面是把研具的几何形状传递给研磨工件,另一方面是涂敷或嵌入磨料。为了保证研磨的质量,提高研磨工作的效率,所采用的研磨工具应满足如下要求:研具应具有较高的尺寸精度和形状精度、足够的刚度、良好的耐磨性和精度保持性;硬度要均匀,且低于工件的硬度;组织均匀致密,无夹杂物,有适当的被嵌入性;表面应光整,无裂纹、斑点等缺陷;并应考虑排屑、储存多余磨粒及散热等问题。

**2. 研磨剂**

研磨剂是细磨粒、研磨液(或称润滑剂)和辅助材料的混合剂。其中研磨用磨粒的基本要求包括:形状、尺寸均匀一致;能适当地破碎,以使切削刃锋利;熔点高于工件熔点;在研磨液中容易分散。磨粒一般是按照硬度来分类的。硬度最高的金刚石,有天然金刚石和人造金刚石两种,主要用于研磨硬质合金等高硬度材料;其次是碳化物类,如碳化硼、黑碳化硅、绿碳化硅等,主要用于研磨铸铁、有色金属等;再次是硬度较高的刚玉类($Al_2O_3$),如棕刚玉、白刚玉、单晶刚玉、铬刚玉、微晶刚玉、黑刚玉、锆刚玉和烧结刚玉等,主要用于研磨碳钢、合金钢和不锈钢等;硬度最低的氧化物类(又称软质化学磨料),有氧化铬、氧化铁和氧化镁等,主要用于精研和抛光。

研磨液在研磨加工中,不仅能起调和磨粒的均匀载荷、粘吸磨粒、稀释磨粒和冷却润滑作用,而且还可以起到防止工件表面产生划痕及促进氧化等作用。常用的研磨液有全损耗系统用油 L-AN15(机油)、煤油、动植物油、航空油、酒精、氨水和水等。

辅助材料是一种混合脂,最常用的有硬脂酸、油酸、蜂蜡、硫化油和工业甘油等,在研磨中起吸附、润滑和化学作用。

**3. 研磨压力**

研磨效率在一定范围内随研磨压力增加而增加,这是由于研磨压力增加后,磨粒嵌入工件表面较深,切除的金属切屑较多,研磨作用加强。但当研磨压力过大时,研磨剂中颗粒会因承受过大的载荷而被压碎,研磨作用反而减弱,并使工件表面划痕加深,影响工件表面粗糙度。因此,研磨压力必须在合理的数值范围内。研磨压力和工件材料性质、研具材料性质,以及外压力等因素有关。一般研磨压力为 0.05～0.3 MPa,粗研磨时宜用 0.1～0.2 MPa,精研磨时宜用 0.01～0.1 MPa。研磨压力选择参见表 5-1。

表 5-1　研磨压力　　　　　　　　　　　　　　　　　　　　(单位:MPa)

| 研 磨 类 型 | 平　　　面 | 外　　　圆 | 内孔(孔径为5～20 mm) | 其　　　他 |
|---|---|---|---|---|
| 湿研 | 0.1～0.25 | 0.15～0.25 | 0.12～0.28 | 0.08～0.12 |
| 干研 | 0.01～0.1 | 0.05～0.15 | 0.14～0.16 | 0.03～0.04 |

总之,在研磨加工时,一般是选用较高的研磨压力和较低的研磨速度进行粗研磨加工,然后用较低的研磨压力和较高的研磨速度进行精研磨加工。

**4. 研磨速度**

一般来说,研磨作用随着研磨速度的增加而增加。当研磨速度增加后,较多的磨粒在单位时间内通过工件表面,而单个磨粒的磨削量接近常数,因此能切除更多的工件材料,使研磨作用增强。研磨速度一般在 10～15 m/min 内,不能超过 30 m/min。若研磨速度过高,产生的热量过大,则可能引起工件表面退火。同时,工件热膨胀太大,难于控制其尺寸,还会留下严重的磨粒划痕。

**5. 研磨运动时间**

研磨时间和研磨速度是密切相关的。对粗研磨来说,为了获得较高的研磨效率,其研磨时间主要应根据磨粒的切削快慢来确定;对精研磨来说,可以根据实验方法,确定超过某个临界研磨时间点后,研磨效果提升不再显著,以此获得合理的研磨时间。

**6. 研磨轨迹**

对研磨运动轨迹的要求是:工件相对于研磨盘平面作平行运动,保证工件上各点的研磨行程一致,以获得良好的平面度;研磨运动力求平稳,尽量避免曲率过大的转角;工件运动应遍及整个研具表面,以利于研具均匀磨损;工件上任一点的运动轨迹,尽量不出现周期性的重复。常用的研磨运动轨迹为:直线、正弦曲线、无规则圆环线、外摆线、内摆线及椭圆线等。

### 5.1.5　研磨加工应用实例

**1. 光学平晶的超精密研磨**

从研磨效率和平面度的角度考虑,用铸铁研具进行机械研磨较好;从平面度和粗糙度的角度考虑,则用沥青作研具进行研磨比较好。光学零件,如平晶、镜头和反射镜等,通常采用沥青作研具进行精加工。若要求表面粗糙度数值和加工变质层均小,应选用布作研具,用软而细的磨粒进行研磨和抛光,电子零件往往采用这种工艺方法。

光学平晶是一种极精密的、用于测量精密平面的平面度量具,由玻璃制成,其最后的超精密研磨和抛光是使平晶获得极高平面度的关键工序。图 5-3 所示的是精密平晶的两种研磨方法。

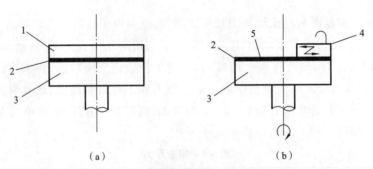

　　　　　　　（a）　　　　　　　　　　　　　　　（b）

**图 5-3　精密平晶的两种研磨方法**

1—光学平晶;2—沥青涂层;3—研磨盘;4—工件;5—氧化铈 $CeO_2$

图 5-3(a)表示首先将沥青熔化在用锡、铅或铸铁制成的精密研磨盘上,盘上刻有彼此垂直的网纹,将精密光学平晶压在沥青上,使沥青的表面达到很高的平面度,并用平晶测量其平面度。图 5-3(b)所示的是美国最早使用的研磨方法,在沥青研盘上,添加研抛剂氧化铈( $CeO_2$ ),起研磨和抛光作用。

**2. 外圆的研磨**

1) 车床手工研磨

车床手工研磨利用可调节研磨环在普通车床上进行,应注意研磨压力与研磨剂浓度。工件转速由其外圆直径决定,当工件直径小于 80 mm 时,其转速取 100 r/min 左右;当工件直径大于 100 mm 时,其转速取 50 r/min 左右。

2) 双盘研磨机研磨

双盘研磨机研磨多用于较大批量生产。研磨时,工件置于上、下研磨盘之间的斜槽中,当下研磨盘和偏心保持架旋转时,工件则在槽内作旋转和往复运动。双盘研磨机可分为单偏心式、三偏心式和行星轮式三种。可使工件除旋转外分别按周摆线、内摆线和外摆线作复合运动。

**3. 内孔的研磨**

液压元件中溢流阀、减压阀等各种阀芯的孔,均可以用研磨芯棒进行研磨。研磨芯棒见图 5-4。

研磨芯棒由研磨棒芯、研磨套和螺母组成。棒芯的中间部分是 1∶50 的外锥,以便与研磨套(内锥)相配合。研磨套外圆上开有大的螺旋槽,以便储存研磨剂,轴向也开有几道 2~3 mm 宽的直槽。当研磨套内装入棒芯后,可根据孔的尺寸先研磨好研磨套的外圆,其尺寸比

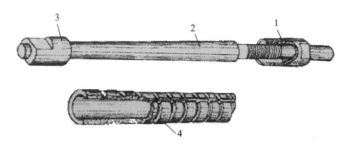

图 5-4 研磨内孔用研磨芯棒

1,3—螺母;2—研磨棒芯;4—研磨套

孔径小 0.01 mm 左右。然后将研磨芯棒夹在车床上,并在外圆涂上一层均匀的研磨剂,将工件套入以后,松开螺母 1,紧固螺母 3,使研磨套产生弹性变形,给工件以适当的研磨压力。开动机床,使研磨芯棒转动,用手握住工件,使其在研磨套全长上来回移动和适当地转动,就可以实现对工件内孔的研磨,研磨一段时间以后,可将工件调头再次研磨,以减少工件内孔圆柱度误差。

# 5.2 精密抛光加工技术

抛光不仅能够增加工件的美观度,而且能够改善材料表面的耐蚀性、耐磨性并使材料表面获得特殊性能,在电子设备、精密机械、仪器仪表、光学元件、医疗器械等领域应用广泛。抛光作为工件的最终加工工序,其加工质量对工件的使用性能有直接的影响,选择合适的抛光方法和工艺是提高产品质量的重要手段。

## 5.2.1 精密抛光加工机理

抛光是使用低速旋转的软质弹性或黏弹性材料(塑料、沥青、石蜡、锡等)制成的抛光盘,或高速旋转的低弹性材料(棉布、毛毡、人造革等)制成的抛光盘,依靠微细磨粒的机械作用和化学作用,在软质抛光工具或化学加工液、电/磁场等辅助作用下,获得光滑或超光滑表面,减小或完全消除加工变质层,从而获得高表面质量的加工方法。

抛光使用的磨粒是直径 1 $\mu$m 以下的微细磨粒,一般不能提高工件的形状精度和尺寸精度。抛光加工模型如图 5-5 所示,微小磨粒被抛光器弹性地夹持,利用磨粒的微小塑性切削生成切屑(磨粒对工件的作用力很小,即使抛光脆性材料也不会产生裂纹),同时,借助磨粒和抛光器与工件流动摩擦使工件表面的凹凸变平。

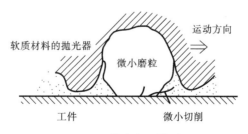

图 5-5 抛光加工模型

## 5.2.2 精密抛光加工特点

精密抛光加工主要有以下几方面特点。

(1) 作为工件表面最终的加工工序,使工件获得光亮、光滑的表面,更为美观。

(2) 去除前道工序的加工痕迹,如刀痕、磨纹划印、麻点尖棱、毛刺等,改善表面质量。抛光后,工件表面粗糙度可达到 $0.4~\mu m$ 以下。

(3) 提高工件抗疲劳和抗腐蚀性能。

(4) 可以作为油漆、电镀等工序的准备工序。抛光可提供漆膜、镀层附着能力强的表面,以提高油漆、电镀的质量。

(5) 应用范围广。从金属件到非金属制品,从精密机电产品到日常生活用品,都能采用抛光来提高表面质量。

(6) 不能提高尺寸精度和形状精度,甚至不能保持工件原有精度。但近代发展的抛光方法如浮动抛光、水合抛光等可以提高尺寸精度和形状精度。

## 5.2.3 精密抛光工艺

抛光的加工要素与研磨基本相同,研磨时有研具、研磨剂和研磨工艺参数,抛光时有抛光盘(或称抛光工具)、抛光剂和抛光工艺参数。精密研磨与抛光的主要加工因素如表 5-2 所示。

表 5-2 精密研磨与抛光的主要加工因素

| 项　　目 | | 内　　容 |
|---|---|---|
| 研磨法 | 加强方式 | 单面、双面研磨 |
| | 加工运动 | 旋转,往复,摆动 |
| | 驱动方式 | 手动,机械驱动,强制驱动,从动 |
| 研具 | 材料 | 硬质,软质(弹性、黏弹性) |
| | 形状 | 平面,球面,非球面,圆柱面 |
| | 表面状态 | 有孔,有槽,无槽 |
| 磨粒 | 种类 | 金属氧化物,金属碳化物,氮化物,硼化物 |
| | 材质 | 硬度,韧性 |
| | 粒径 | 几十微米至几十纳米 |
| 加工液 | 水质 | 酸性,碱性,界面活性剂 |
| | 油质 | 界面活性剂 |
| 加工参数 | 研磨速度 | $1\sim100$ m/min |
| | 研磨压力 | $0.1\sim30$ N/cm$^2$ |
| | 研磨时间 | 10 h |
| 环境 | 温度 | 室温变化$\pm0.1$ ℃ |
| | 尘埃 | 利用洁净室,净化工作台 |

### 1. 抛光盘

抛光时所用的抛光盘一般是软质的,其塑性流动作用和微切削作用较强,其加工效果主要是降低表面粗糙度。研磨时所用的研具一般是硬质的,其微切削作用、挤压塑性变形作用较强,在精度和表面粗糙度两个方面都强调要有加工效果。近年来,出现了用橡胶、塑料等制成的抛光盘或研具,它们是半硬半软的,既有研磨作用,又有抛光作用,因此可同时用于研磨和抛光。这种复合加工,可以称之为研抛,这种方法能提高加工精度和降低表面粗糙度,而且有很高的效率。考虑到这一类加工方法所用的研具或抛光盘总是带有柔性的,因此,将它们都归于抛光加工一类。与研磨加工采用的硬质研磨盘相比,抛光盘选用沥青、石蜡、合成树脂和人造革、锡等软质金属或非金属材料制成。

抛光盘的平面精度及其精度保持性是实现高精度平面抛光的关键。因此,抛光小面积的高精度平面工件时要使用弹性变形小,并始终能保持要求的平面度的抛光盘,较为理想的是采用特种玻璃制成抛光盘或者在平面金属盘上涂一层弹性材料或软金属材料作为抛光盘。为获得无损伤的平滑表面,当工件材料较硬时(如加工光学玻璃),可使用半软质抛光盘(如锡盘、铅盘)和软质抛光盘(如沥青盘、石蜡盘)。使用软质抛光盘的优点是抛光表面加工变质层和表面粗糙度数值都很小;缺点是不易保持抛光盘的平面度,因而影响工件的平面度。

**2. 抛光垫**

抛光垫是一种具有一定弹性、疏松多孔的材料,黏结在抛光盘上,通过与抛光液协同作用,相互配合,顺利完成抛光工作。抛光垫的种类根据是否含有磨粒可以分为有磨料抛光垫和无磨料抛光垫;按材质的不同可以分为聚氨酯抛光垫、无纺布抛光垫和复合型抛光垫;按表面结构的不同大致可分为平面型、网格型和螺旋线型抛光垫。图 5-6 所示为抛光中常用的聚氨酯抛光垫的表面微观结构,可知,抛光垫表面有许多直径数十微米的微孔,孔隙率通常为 40%～60%。

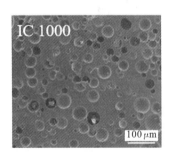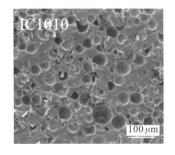

**图 5-6 聚氨酯抛光垫的表面微观结构**

1) 抛光垫的特点和影响因素

抛光垫是化学机械抛光中决定表面质量的重要辅料,其主要作用有:

(1) 存储和传输抛光液,将抛光液有效均匀地输送到抛光垫的不同区域;

(2) 提供稳定的抛光压力,并维持抛光垫表面的抛光液薄膜,以便化学反应充分进行;

(3) 促进抛光后的化学反应物及碎屑等顺利排出;

(4) 保持抛光过程的平稳、表面不变形,对工件表面进行机械摩擦,以便获得较好的表面形貌。

在抛光垫使用过程中,抛光垫的使用性能和寿命受其力学物理性能,如硬度、压缩比、涵养量、表面粗糙度及密度等因素的影响,具体如下。

(1) 硬度:抛光垫的硬度决定其保持面形精度的能力。

(2) 压缩比:压缩比反映抛光垫的抗变形能力。

（3）涵养量：抛光垫的涵养量是单位体积的抛光垫存储抛光液的质量。

（4）表面粗糙度：表面粗糙度是抛光垫表面的凸凹不平程度。

（5）密度：密度是抛光垫材料的致密程度。

2）抛光垫的修整

随着抛光的进行，抛光垫将会发生磨损，主要是抛光垫的物理及化学性能发生变化，表现为抛光垫表面产生残余物质，微孔的体积缩小、数量减少及表面粗糙度降低、表面发生分子重组现象等，形成一定厚度的釉化层，导致抛光效率和抛光质量的降低。为了消除抛光垫的磨损，必须对抛光垫进行修整。

图 5-7　抛光垫修整器结构

从修整方式的角度来看，抛光垫分为自修整抛光垫和非自修整抛光垫。自修整抛光垫将磨粒嵌入抛光垫内部，在抛光过程中，旧磨粒借助于抛光垫与工件之间的摩擦力，自动脱离抛光垫表面，使得新磨粒暴露出来，所以此类抛光垫具有自动修复功能。自修整抛光垫目前还未得到广泛应用，绝大多数抛光垫均需要进行离线或者在线修整，如图 5-7 所示。目前，最常用的抛光垫修整器是金刚石修整器，金刚石颗粒的性能参数（包括类型、尺寸、形状及黏结力等）、排列方式及胎体材料对修整效果有重要影响。其中，修整器磨粒的排布方式包括均匀分布、任意分布和成簇分布三类，见图 5-8。

  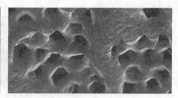

（a）均匀分布　　　　　（b）任意分布　　　　　（c）成簇分布

图 5-8　修整器磨粒分布类型

### 3. 抛光剂

通常抛光剂（或抛光液）由基液（水性或油性）、磨粒和添加剂组成。抛光剂的作用是供给磨粒、排屑、冷却和润滑。抛光剂中添加剂的作用是防止或延缓磨粒沉淀，并对工件发挥化学作用，以提高抛光的加工效率和质量。对抛光剂的要求包括：能有效散热，避免研具和工件表面热变形；黏性低，提高磨料的流动性；不会污染工件；化学物理性能稳定，不会因放置或温升而分解变质；能较好地分散磨粒。与研磨加工所用的微米级磨粒相比，抛光通常使用亚微米及纳米级的微细磨粒。

### 4. 抛光工艺参数

加工速度、加工压力、加工时间，以及研磨液和抛光液的浓度是研磨与抛光加工的主要工艺参数。加工速度过高，会因为离心力将加工液甩出工作区，降低加工的平稳性，加快研具磨损，影响加工精度。粗加工用低速、高压力；精加工用高速、低压力。在一定范围内增加加工压力可提高研磨抛光效率；压力减小对减小表面粗糙度数值有利。研磨液和抛光液的浓度增加，材料去除率增加，但浓度过高，磨粒的堆积和阻塞会引起加工效率降低，引起加工质量恶化。

当加工不同工件时,抛光盘的最大线速度可按表 5-3 进行选择。

表 5-3　抛光盘速度推荐值

| 工件材料 | 抛光盘速度/$(m \cdot s^{-1})$ | |
| --- | --- | --- |
| | 固定磨粒抛光盘 | 黏附磨粒抛光盘 |
| 铝 | 31～38 | 38～43 |
| 碳钢 | 36～46 | 31～51 |
| 铬 | 26～38 | 36～46 |
| 黄铜及其他铜合金 | 23～38 | 36～46 |
| 镍 | 31～38 | 31～46 |
| 不锈钢和莫内尔合金 | 36～46 | 31～51 |
| 锌 | 26～36 | 15～38 |
| 塑料 | — | 15～26 |

# 5.3　精密抛光加工方法及应用

## 5.3.1　化学-机械抛光技术

化学-机械抛光(chemical-mechanical polishing,CMP)技术是化学作用和机械作用相结合的技术,其过程相当复杂,影响因素很多。首先工件表面材料与抛光液中的氧化剂、催化剂等发生化学反应,生成一层相对容易去除的软质层,其次在抛光液中的磨粒和抛光垫的机械作用下去除软质层,使工件表面重新裸露出来,最后再进行化学反应,这样在化学作用过程和机械作用过程的交替进行中完成工件表面抛光。化学-机械抛光是能够提供整体平面化的表面精加工技术,可广泛用于集成电路芯片、计算机硬磁盘、微型机械系统、硬脆性光学材料等表面的平坦化加工。

图 5-9 所示是一种典型的化学-机械抛光原理图,整个抛光系统由旋转的工件夹持头(抛光头)、抛光垫及承载抛光垫的工作台(抛光盘)和抛光液输送装置三部分组成。抛光过程中抛光盘和工件都绕自身回转中心转动,含有磨粒的抛光液以一定的流速输送到抛光垫上,在离心力的作用下通过抛光垫的传输分布到抛光垫的每个角落。工件与抛光垫之间相互接触,通过

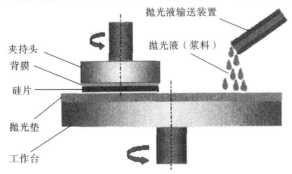

图 5-9　化学-机械抛光原理图

抛光垫中磨粒的机械磨削和抛光液的化学氧化剂的腐蚀作用,实现工件材料的高效去除和高质量表面的形成。

**1. 化学-机械抛光应用实例**

熔石英玻璃是高功率激光聚变系统中最常用的硬脆性光学元件,化学-机械抛光能够有效去除熔石英玻璃表面划痕,获得光洁、平整的且均方根粗糙度小于 1 nm 的工件表面。

熔石英玻璃主要成分是二氧化硅,二氧化硅与水会发生化学反应,因此,熔石英玻璃的化学-机械抛光过程包含着抛光液与工件的水合反应、抛光磨粒的机械去除和材料的塑性流动等过程,是大量磨粒共同作用的结果。在磨粒机械磨削和抛光液的化学作用下,抛光熔石英玻璃表面存在着一定厚度的表面水解层,以及表面以下的亚表面塑性划痕。

1)表面水解层

抛光时,抛光液中的水分与材料表面的硅酸盐发生水合反应,破坏玻璃结构,并在元件表面形成具有一定厚度的硅酸凝胶薄膜($\equiv$ Si—OH),见式(5.1),该硅酸凝胶薄膜即构成表面水解层。

$$\equiv\text{Si}\text{—O}\text{—Si}\equiv+\text{H}_2\text{O}\longrightarrow 2\equiv\text{Si}\text{—OH} \tag{5.1}$$

一般情况下,表面水解层对玻璃具有保护作用,减缓了水分对材料的侵蚀,但在抛光颗粒的划擦作用下,新形成的硅酸凝胶薄膜不断被去除,暴露出的元件表面继续被水解,如此循环即形成了元件的抛光过程。因此,玻璃的抛光效率取决于表面水解层形成与破坏的难易程度。

2)亚表面缺陷

抛光过程中,磨粒嵌入相对较软的抛光垫和较硬的元件之间,在抛光颗粒、元件和抛光垫之间将出现塑性变形;同时,由于抛光时元件相对于抛光垫作旋转运动,磨粒对元件的划擦作用将会形成塑性划痕,且这些划痕往往被表面水解层覆盖。此外,如果抛光工序的材料去除量不足以完全去除磨削和研磨产生的亚表面缺陷,则前序工艺产生的亚表面划痕和裂纹也将残留于抛光水解层之下,形成亚表面缺陷层。

因此,经磨削及抛光加工后,光学元件的亚表面缺陷结构如图 5-10 所示,包括抛光水解层、亚表面缺陷层和变形层。其中,抛光加工形成的表面水解层通常包含金属杂质等污染;亚表面缺陷层存在着划痕和微裂纹;变形层包括残余应力等。变形层以下为无缺陷的材料本体。

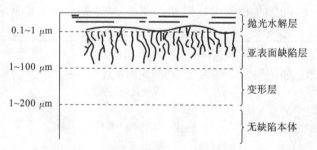

图 5-10　抛光亚表面缺陷结构示意图

利用湿法化学刻蚀方法去除光学元件的表面抛光水解层并暴露亚表面缺陷,结果如图 5-11 所示,抛光表面光洁、平整、无明显划痕,但表面以下存在着不同形貌和尺度的划痕与凹坑等缺陷。

**2. 化学-机械抛光的特点**

化学-机械抛光作为一种理想的超精密抛光工艺,能够在化学能和机械能耦合作用下获得

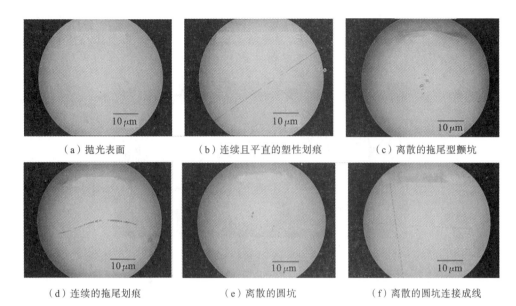

（a）抛光表面　　　　　（b）连续且平直的塑性划痕　　　　（c）离散的拖尾型颤坑

（d）连续的拖尾划痕　　　　　（e）离散的圆坑　　　　　（f）离散的圆坑连接成线

图 5-11　化学-机械抛光业表面缺陷

光洁表面,相比于单纯的化学抛光或机械抛光,其特点如下:

（1）避免了单纯的化学抛光造成的抛光效率低、表面平整度和抛光一致性差的缺点;

（2）避免了由单纯的机械抛光造成的表面损伤。

## 5.3.2　固结磨料抛光技术

固结磨料抛光技术原理与化学-机械抛光类似,最大的差异在于抛光垫和抛光液的不同。固结磨料抛光所用的抛光液是不含磨粒的去离子水。抛光垫是固结磨料抛光技术的关键,主要由磨粒层、刚性层和弹性层组成,如图 5-12 所示。磨粒层为亲水性树脂基体与磨粒的混合体,树脂基体具有溶胀特性,基体中含有亲水性基团,吸水后会使其内部空间网络结构膨胀,从而在抛光垫的表层产生一层比较松的溶胀层,在与工件的相互摩擦中易被去除,亚表层的新磨粒得以露出,使抛光垫不需修整即可始终保持锋利的状态。刚性层可对磨料层进行支撑,防止磨粒层变形,提高抛光垫表面面形的保持能力,提高工件的平面度。弹性层可根据不同材料特性调节抛光垫的退让性,有效降低工件表面划伤概率,提高工件表面粗糙度。

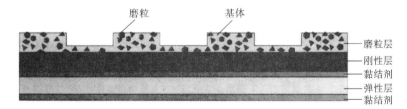

图 5-12　固结磨料抛光垫

### 1. 固结磨料抛光应用实例

南京航空航天大学采用固结磨料抛光垫开展了 LBO 晶体（三硼酸锂,$LiB_3O_5$）的抛光机理和工艺研究。LBO 晶体是具有优良品质的功能晶体材料,如图 5-13 所示,被广泛应用于全固态激光、电光、医学、微加工等研究和应用领域,而大尺寸 LBO 晶体在激光同位素分离的变频器、神光系列激光聚变系统等领域具有广泛的应用前景。固结磨料抛光技术把抛光粉固结在抛光垫中，采用不含磨粒的抛光液加工，避免游离磨料颗粒随机分布损伤晶体表面，提高抛光粉的利用率，从而提高加工的材料去除率和工件的表面质量。

图 5-13　LBO 晶体

**2. 固结磨料抛光的特点**

与游离磨粒抛光技术相比，固结磨料抛光技术具有以下优点：

（1）材料去除基于二体磨损原理，对工件表面形貌的选择性高，避免过抛，工件表面平坦化效果好；

（2）可精确控制磨粒层的磨粒成分、浓度和厚度，磨粒利用率高，节约成本；

（3）工件表面划痕浅且少，缺陷小，抛光后工件清洗方便；

（4）抛光垫使用寿命长，加工效率高，单片加工成本低；

（5）绿色环保，清洁无污染。

### 5.3.3　气囊抛光技术

气囊抛光（bonnet polishing，BP）技术是 20 世纪 90 年代末由英国 Zeeko 公司和伦敦大学光学科学实验室的 David Walker 等人联合提出的。气囊抛光采用具有一定充气压力的球冠形气囊作为抛光工具，不仅可以保证抛光头与被抛光工件表面吻合性好，而且可以通过调节气囊内部压力控制抛光效率和被抛光工件的表面质量，抛光表面质量极高，是一种极具发展潜力的抛光方法，尤其适用于非球面和自由曲面的抛光，已被广泛地应用于光学玻璃如大型天文望远镜镜片的加工，以及人造关节、模具等的抛光。

气囊抛光使用的抛光工具是特制的柔性气囊，气囊的外形为球冠，外面粘贴专用的抛光膜，如聚氨酯抛光垫、抛光布等。抛光头如图 5-14 所示，将其装于旋转的工作部件上，形成封闭的腔体，腔内充入低压气体，并可控制气体的压力。气囊抛光采用一种独特的进动运动方式，抛光过程中，气囊自转轴始终与工件局部法线成固定角度（称为进动角）进行抛光，见图5-15。这种运动方式可以避免接触区中心抛光速度为 0，避免"M"形去除函数的产生，而且能够生成表面杂乱的纹理，取得较好的表面质量，还能生成有利于面形收敛的类高斯型去除函数。影响气囊抛光材料去除效果的因素有很多，包括进动角、下压量、充气压力、主轴转速和抛光液浓度等。抛光过程中，通过控制不同的参数条件，实现不同的去除函数，利用生成的去除函数和测得的初始面形误差计算抛光头在工件上各点处的驻留时间，从而实现不同位置的相应的材料去除。

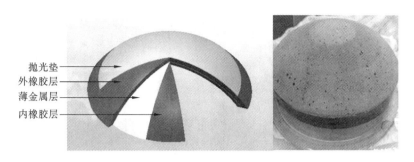

图 5-14　气囊抛光头

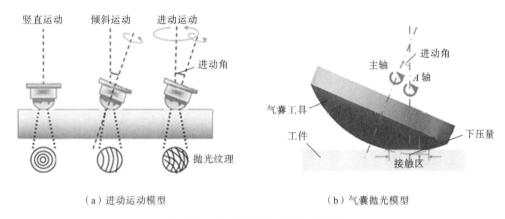

（a）进动运动模型　　　　　　　　　（b）气囊抛光模型

图 5-15　进动运动及气囊抛光模型

### 1. 气囊抛光应用实例

厦门大学自主研发了 BP-2MK460 气囊抛光机床,其模型见图 5-16(a)。抛光机床结构除去气囊工具在线修整结构外,一共包括五个进给轴和一个主轴 $H$,其中进给轴有 $X$、$Y$、$Z$ 三个直线进给轴,以及 $A$、$B$ 两个摆动进给轴。抛光头本身旋转形成抛光运动,工件可以旋转,并可作 $X$、$Y$、$Z$ 向的数控联动运动。当工件为回转体表面时,工件旋转并作 $X$、$Z$ 向的数控联动运动;当工件为自由曲面时,工件不旋转而作 $X$、$Y$、$Z$ 向的数控联动运动。此外,机床系统除了机床硬件结构外,还包括数控系统、光栅反馈系统、气动系统、冷却系统、抛光液循环系统、环境参数检测系统、润滑系统等。使用 BP-2MK460 气囊抛光机床对超精密磨削成型的大口径非球面元件进行快速保形抛亮,工件口径为 430 mm,如图 5-16(b)所示,最终能够实现非球面面形 PV(peak-to-valley,峰谷)值约为 2.15 $\mu$m,表面粗糙度数值为 3.74 nm。

### 2. 气囊抛光的特点

气囊抛光在保证了抛光工具与工件曲面有较大的接触面积的同时可以获得良好的接触吻合度,在曲面抛光应用中得到了更好的比使用现有其他抛光工具能获得的抛光品质和抛光效率。与传统抛光工具相比,气囊抛光具有以下优势和特点:

(1) 抛光工具工作面的柔性可根据被抛光曲面的曲率和表面粗糙度要求通过气压进行在线调控;

(2) 工具的气囊所支撑形成的柔性抛光工作面可以与被抛光曲面形成较大面积的仿形接触。

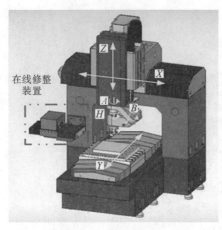

（a）BP-2MK460模型图　　　　　　（b）工件实物图

图 5-16　气囊抛光机床结构及抛光工件

### 5.3.4　磁场辅助抛光技术

磁场辅助抛光是指通过调节磁场的强弱来控制磨粒对工件的作用力以进行抛光，主要包括磁性磨粒光整加工、磁流体抛光、磁流变抛光和磁性复合流体抛光等加工方式。下面主要对上述四类磁场辅助抛光技术进行介绍。

**1. 磁性磨粒光整加工**

磁性磨粒光整加工（magnetic abrasive finishing，MAF）是在磁场作用下，利用磁性磨料（由磨粒与铁粉经混合、烧结再粉碎至一定粒度制成）对工件表面光整加工的方法。加工原理如图 5-17 所示，磁性磨粒加工时，工件放入由两磁极形成的磁场中，在工件和磁极的间隙中放入磁性磨料。在磁场力的作用下，磨料沿磁力线方向整齐排列，形成一只柔软且具有一定刚性的"磨料刷"。当工件在磁场中旋转并作轴向振动时，工件与磨料发生相对运动，"磨料刷"就对工件表面进行研磨加工。作为磨具的磁性磨料，必须具有感应磁场的性质，同时又具有对工件

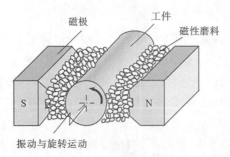

图 5-17　磁性磨粒光整加工原理

的切削能力。常用的磁性磨料是一种平均直径为数十至百微米级的粒状体，由磁化率大的铁粉和磨削能力强的氧化铝粉或碳化硅粉等按一定的比例混合而成的组合体。磁性磨粒加工的磨削力是由磁场产生的，以抛光压力的作用形式来实现。因此，改变电磁铁线圈电流、工作间隙，以及工作间隙的结构等，都将影响抛光压力的大小。目前，已对零件的内圆面、外圆面、平面、成形表面等表面进行了磁性磨粒光整加工开发和研究。

1）磁性磨粒光整加工应用实例

香港理工大学搭建了可用于批量化生产的磁性磨粒光整加工平台，其结构原理见图 5-18（a）。给定两组磁极，在 N、S 两极之间形成磁场，在磁场中填充磁性磨料，并将工件置于磁性磨料中。研磨时，环形分布的工件绕公转轴旋转，使磁性磨料与被加工表面之间产生相对运动，位于磁场的每一个磨粒沿着磁力线方向相互衔接形成"磁串"，由"磁串"进而形成"磁性磨

料刷",通过磁性磨料刷产生一个指向工件表面的"抛光压力"。在磁场辅助作用下对曲面 304 不锈钢进行抛光加工,结果如图 5-18(b)所示,精抛后工件表面粗糙度提升至 $Ra12.5\ nm$,且能够清晰地反射出文字。

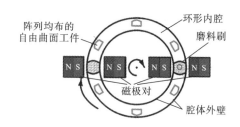

（a）抛光平台结构示意

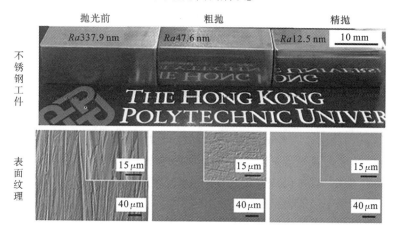

（b）曲面工件抛光前后形貌

**图 5-18　批量化磁性磨粒抛光平台结构原理及抛光工件**

2）磁性磨粒光整加工的特点

从原理上讲,磁性磨粒光整加工可以对任意几何形状的表面进行精密光整加工。磁性磨粒加工后的表面质量好,表面粗糙度小,$Ra$ 可达 $0.1\ \mu m$ 甚至更小,可呈镜面状。磁性磨粒光整加工特点如下。

（1）自锐性能好,磨削能力强,加工效率高。

由于"磁性磨料刷"是由磁性磨料组成的具有一定刚性的柔性磨具,在磁场的作用下,磨粒的位置在不断地发生变更,磁性磨料刷在不断地排列,工件表面将始终能够获得锐利磨刃的切削,因此磁性磨粒加工材料去除量大、切削能力强、加工效率高。

（2）研磨温升小,工件变形小。

在整个磁性磨粒光整加工过程中,磨粒的位置在不断地变更,就一颗磨粒磨刃而言,它与工件表面的作用时间很短,因此对回转的工件表面层的温升影响较小,表面金相组织结构没有受到破坏,使工件变形小。

（3）切削深度小,加工表面平整光洁。

"磁性磨料刷"为具有一定刚性的柔性刷,而磨粒体积小、切削刃小,切入工件表面的切削深度小于前道工序残留的加工痕迹,从而能够获得更为平整、更为光洁的表面。

（4）工件表面受交变励磁作用,提高了工件表面的物理力学性能。

在磁性磨粒加工过程中,回转的工件表面多次反复地受到磁极 N 和 S 的交变磁场的作用,导电的磁性磨料产生的电动势反复使工件表面充电,强化了表面的电化学过程,改变了表面的应力分布状态,提高了表面硬度,改善了表面物理力学性能。

(5) 无粉尘、废液和噪声污染,工作环境好。

在加工过程中,由于磁性磨料保持在磁场中,同时切屑被吸入磁性磨料中,因此不会产生粉尘。

(6) 加工范围广、工艺适应性强。

加工工件除内、外圆及平面表面外还可加工复杂形状零件的内外表面,特别适合型模的内、外表面加工。

**2. 磁流体抛光**

磁流体(magnetic fluid/ferrofluid,MF),又称磁性液体、铁磁流体或磁液,是由粒径为 $1\sim10$ nm 的强磁性固体颗粒如 $Fe_3O_4$(<10 nm)或铁粉(<3 nm)、基载液(也叫媒体),以及界面活性剂三者混合而成的一种稳定胶状液体。磁流体作为一种新型功能材料,既具有液体的流动性又具有固体磁性材料的磁性。磁流体在静态时无磁性吸引力,当外加磁场作用时,才表现出磁性。

磁流体抛光技术是由苏联传热传质研究所的 Kordonski 等人在 20 世纪 90 年代初将电磁学、流体力学和分析化学相结合而提出的一种新型的零件加工方法。该技术是利用在一定磁场作用下,磁流变液中的磁性颗粒迅速凝聚,磁流变液黏度增大形成的一定硬度的"小磨头"代替传统抛光过程中的刚性抛光盘来加工零件表面的一种新技术。磁流体中的磁性颗粒粒径为纳米级,可由自身布朗运动保持稳定,具有较高的流变性和较强的抗沉淀稳定性,但是纳米级磁性颗粒的饱和磁化强度过低,只能产生较小的剪切屈服应力,这就限制了加工效率的提升。磁流体的特殊性能使其在实际生产中有着广泛的应用,磁流体抛光有悬浮式和分离式两种。

1) 悬浮式磁流体抛光

将磨粒混入磁流体中,通过磁流体在磁场作用下的"浮置"作用进行抛光。它可以获得 $Ra\leqslant0.01\ \mu m$ 的无变质层加工表面,并能研抛表面形状复杂的工件。

2) 分离式磁流体抛光

磨粒不混入磁流体中,利用磁流体向强磁场方向移动的特性,通过橡胶板等弹性体挤压磨粒,对工件进行抛光。

**3. 磁流变抛光**

磁流变液(magneto rheological fluid,MR 流体)属于可控流体,是由粒径为 $0.1\sim100\ \mu m$ 的磁性颗粒、基液和稳定剂组成的悬浮液,具有磁特性、流变性和稳定性等特点。磁流变液中磁性颗粒粒径过大,颗粒无法作布朗运动,由稳定剂(通常为表面活性剂)保持暂时稳定。磁流变液在不加磁场时是可流动的液体,而在强磁场的作用下,其流变特性发生急剧的转变,成为具有黏塑性的宾厄姆流体(Bingham fluid),表现为类似固体的性质,撤掉磁场时又恢复其流动特性。磁流变抛光(magneto rheological finishing,MRF)技术正是利用磁流变抛光液在梯度磁场中的流变特性对工件进行确定性抛光的技术。

磁流变抛光技术是 1993 年由 W. I. Kordonski 与美国罗切斯特大学光学加工中心的 Jacobs等人联合提出的,其加工示意图如图 5-19 所示。磁流变液由抛光盘循环带入工件与抛光盘之间形成的微小间距的抛光区域中,在该区域里,在高梯度磁场的作用下,磁流变液发生明显的流变效应,变硬、黏度增大,其中磁性颗粒沿着磁场强度的方向排列成链,就形成具有一定形状的凸起缎带,而抛光粉颗粒不具有磁性,因此会被挤压而浮向磁场强度弱的上方,这样上表面浮着一层抛光颗粒的凸起缎带就构成了一个柔性抛光模（见图 5-20）。当柔性抛光模在运动盘的带动下流经工件与运动盘之间的小间隙时，会对工件表面产生很大的剪切力，从而实现对工件表面材料的去除；而磁流变液一旦离开磁场，就又变成流动液体，循环往复。磁流变抛光技术正是利用磁流变抛光液在梯度磁场中发生流变而形成的具有黏塑行为的柔性"小磨头"与工件之间快速的相对运动，使工件表面受到很大的剪切力，从而去除工件表面材料。磁流变抛光工件形状精度和表面粗糙度均比传统抛光方法要好，是获得超精密光学表面的理想工艺。

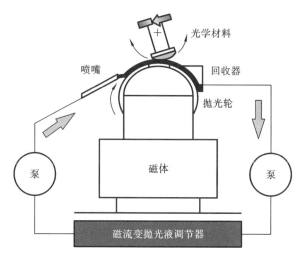

图 5-19　磁流变抛光加工示意图

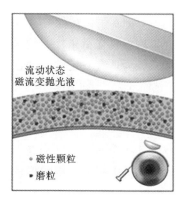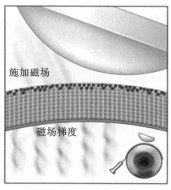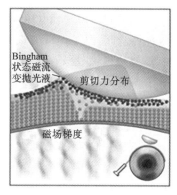

图 5-20　MRF 中柔性抛光模的形成过程

1）磁流变抛光应用实例

图 5-21 所示是国防科技大学自主研制的 KDRMF-1000 磁流变抛光机床，能够加工直径为 $\phi200$ mm 的 K9 玻璃抛物面镜，其面形误差小于 $\lambda/100$ RMS（均方根），表面粗糙度优于 $Ra0.5$ nm，能够实现大口径光学纳米表面制造。国防科技大学研究团队对超高精度光学零件、空间光学零件和强光光学零件加工工艺开展了系统研究，加工出了各类满足使用要求的光学零件。

2）磁流变抛光的特点

磁流变抛光技术是介于接触式抛光与非接触式抛光的一种抛光方法。传统抛光利用磨粒的微小塑性切削去除作用，磨粒对工件有一定的正压力，约为 0.01 N，容易对工件材料破碎去

**图 5-21　KDRMF-1000 磁流变抛光机床**

除并引起工件表面或亚表面损伤;磁流变抛光属于柔性接触,磨粒对工件的平均正压力为 $10^{-7}$ N 量级,对工件材料剪切去除,对工件的损伤较小。因此,磁流变抛光的特点包括如下方面。

(1) 无刀具磨损、堵塞现象,具有抛光精度高、去除效率高且不引入亚表面损伤等优点,可实现近零亚表面损伤和纳米级精度抛光,通常可作为光学零件加工的最后一道工序。

(2) 易于实现计算机控制,得到复杂面形的光学零件和高加工效率。

(3) 磁流变抛光液在抛光区内循环使用,可以带走抛光区内的切屑和热量,同时,在抛光区外能够对磁流变抛光液进行稳定控制。

(4) 不存在磨头磨损、抛光区域温度升高等传统计算机控制抛光的不确定因素。

**4. 磁性复合流体抛光**

磁性复合流体(magnetic compound fluid,MCF)是由含有微米级磁性颗粒的磁流变液(MR 流体)和含有纳米级磁性颗粒的磁流体(MF)混合而得,即 MCF 中包含微米级和纳米级的磁性微粒、基液、磨粒等。理想的抛光液所形成的抛光头应形状稳定,具有一定的流动性和黏度,并确保磨粒在主轴旋转过程中能够因重力作用自然聚集于磁性簇尖端,同时抛光液又不会掉落。因此,抛光液的制备是 MCF 抛光的核心技术之一,很大程度上决定着材料去除效率和抛光质量。

磁性复合流体抛光原理如图 5-22 所示,无外磁场时磁性微粒呈无序分布状态。当施加外磁场后,磁性微粒受磁场力作用,磁偶极矩方向逐渐与外磁场方向相同,所有磁性微粒形成的磁偶极子沿磁力线方向排列,使磁性微粒从无序状态向定向的有序状态变化,最终互相连接形成链状结构。随外磁场强度的增加,这种链状结构进一步发生聚集,形成柱状或复杂的团簇状结构。当撤去外加磁场时,磁性微粒又迅速恢复原来的无序分布状态。

1) 磁性复合流体抛光应用实例

上海理工大学研究团队研究了立式和卧式磁性复合流体抛光工艺特点,图 5-23 所示为两种抛光加工中的磨粒分布特点。其中,卧式 MCF 抛光前后黄铜工件表面微观形貌如图 5-24 所示,工件表面粗糙度数值大大减小,表面形貌得以显著改善。

2) 磁性复合流体抛光的特点

磁性复合流体抛光是一种新型纳米级超精密加工技术,具备了磁流变抛光对光学镜面几乎不造成亚表面损伤和形变的优点,又克服了其流变性和抗沉淀稳定性差的缺点。在可控磁场的作用下流体黏度可保持连续、无级变化,能够实现可控、确定性加工,特别是对于制造过程

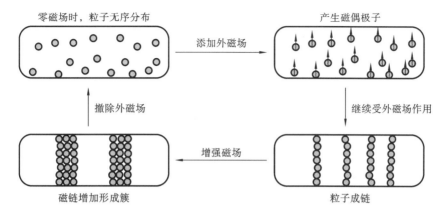

图 5-22　磁性复合流体抛光原理

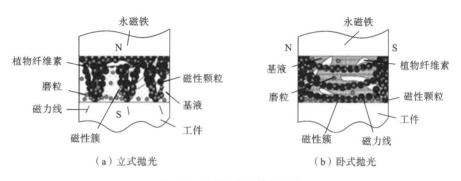

图 5-23　MCF 抛光磨粒分布

（a）卧式抛光前　　　　　　（b）卧式抛光 5 min　　　　　　（c）卧式抛光 30 min

图 5-24　卧式 MCF 抛光前后黄铜工件表面微观形貌

中尺寸难以估计的中频误差，磁性复合流体抛光头尺寸可控可变的优势使得其特别适合用于光学非球面元件的中频误差修正抛光。

# 复习思考题

1. 简述研磨加工的机理和特点。
2. 精密抛光的加工要素有哪些？简述其含义与特点。
3. 使用化学-机械抛光技术加工玻璃材料工件后，工件表面与亚表面各有何特点？
4. 化学-机械抛光技术与固结磨料抛光技术有何相同与不同之处？
5. 简述磁性磨粒光整加工的原理和特点。

6. 磁性复合流体抛光技术与磁流变抛光技术有何相同与不同之处？

7. 化学-机械抛光技术与磁流变抛光技术的材料去除机理有何不同？

8. 本章所介绍的抛光技术中，哪些属于柔性抛光技术？

# 思政小课堂

**"玉不琢，不成器"**　良渚文明，被誉为"中华文明之光"，距今约五千年历史。考古学家发现，五千年以前，中国就已经有加工好的玉器了。原始人将麻绳和砂石混合在一起，通过线切割法，用坚硬且锋利的绳子在玉石上反复摩擦生热从而达到切割玉石的效果（见图1）。水櫈也是古人加工玉石的重要工具，由平台、麻绳、踏板、转轴、木桶、侧板及砣具构成，且设有装水的木桶让摩擦受热的玉石冷却，只需一人用双足踩踏蹬板，反复砣碾即可加工玉石。

**图 1　混有砂石的麻绳**

传统手工制玉虽然温润但其费时费力是难以想象的，张广文先生在《玉器史话》（1989 年，紫禁城出版社）中有一段记述，可见手工制玉过程的繁杂：

玉器制造的工序极复杂，碾制一件玉器需要画样、锯料、做坯、做钿、磨光、刻款等主要工序。玉材硬度一般在七度左右，质地非常硬，普通金属刀具不能刻动，加工时需要用琢磨法碾制。一般是在一个桌凳上安上脚踏皮带传动装置，带动一个铊子旋转，铊子有大有小，依加工需要更换，最小的铊子仅有钉头大小，铊子上加水，再着一种极硬的"解玉砂"在玉材需要加工的部位旋转碾磨。因而加工速度极慢，一件玉器，不仅材料贵重，制造时所用工时亦非常浩繁，清代宫廷玉器的制造，没有超出手工操作的制约，总体上看玉器制造的速度极慢，成本也相当高。例如乾隆三十年七月苏州解办的青白玉大碗，高三寸五分，口面五寸八分。每件做坯六七十工，打钻掏膛九十一工，做钿六十三工，光玉四十一工，镌刻年款四字做四工。由此而知清代制玉用工之一斑。

故宫博物院玉器馆有《制玉图》一套，为清人所绘，共12幅。制玉图风格写实，记录描绘出制玉的主要步骤和所用的关键工具，包括"捣沙研浆图""开玉图""扎碢①图""冲碢图""磨碢图""掏堂图""上花图""打钻图""透花图""打眼图""木碢图"和"皮碢图"，依次记录了玉石琢磨、分解、切除、粗磨（做胚）、细磨（抛光）、掏膛、雕花、钻槽、镂空等工序，以及玉石磨抛所用的木碢——磨光的碢，和皮碢——牛皮制成，用于玉器最后工序的抛光上亮。"玉不琢，不成器"，古代精美的玉石是中国古人的智慧和辛劳的结晶。

①　注：碢，tuó，古同"砣"。

# 第6章 精密测量与在线检测技术

## 6.1 几何量精密测量基础

### 6.1.1 概述

几何量精密测量的相关概念包括以下几个：

(1) 测量对象：包括尺寸(长度、角度)、几何误差、表面粗糙度等。

(2) 计量：以保持量值准确统一和传递为目的的专门测量。

(3) 测试：具有试验研究性质的测量。

(4) 测试精度：测试结果与真实值相近程度，通过测量误差来衡量。

### 6.1.2 计量器具分类

按被测几何量在测量过程中信号转化原理的不同，计量器具可以分为以下几种。

(1) 机械式计量器具：用机械方法来实现被测量的变换和放大的计量器具，如千分尺、百分表、杠杆比较仪等，结构简单，使用方便。

(2) 光学式计量器具：用光学方法来实现被测量的变换和放大的计量器具，如光学计、光学分度头、投影仪、干涉仪等，精度高，性能稳定。

(3) 电动式计量器具：将被测量先变换为电量，然后通过对电量的测量来完成被测几何量测量的计量器具，如电感测微仪、电容测微仪和圆度仪等，与计算机连接方便，适用范围广，精度高。

(4) 气动式计量器具：将被测几何量变换为气动系统的状态(流量或压力)的变化，实现被测几何量的测量的计量器具，如水柱式气动量仪、浮标式气动量仪等，结构简单，操作方便，精度高，但是由于流量、压力上限低，因此其量程范围较小。

(5) 光电计量器具：通过光电元件将被测几何量转化为电量进行检测，实现测量信号之间的转换的计量器具，如光栅式测量装置、光电显微镜，测量精度和效率都很好。

### 6.1.3 计量器基本认识

计量器一般包含分度值、灵敏度、示值误差、回程误差、测量力等几个指标。

(1) 分度值(也称刻度值、分辨力)是每个刻度间距所代表的量值或计量仪器显示的最末一位数字所代表的量值。

(2) 灵敏度表示指针对标尺的移动量与引起此移动量的被测几何量的变动量。

(3) 示值误差指计量器具显示的数值与被测几何量的实际值之差，是一个有正负之分的相对值。

(4) 回程误差则是在同等情况下，计量器具在正反行程中同一点示值上被测量值之差的绝对值。

（5）测量力是接触测量过程中测头与被测物体之间的接触压力,测量力的大小将直接影响测量精度。

# 6.2  几何尺寸的精密测量

广义的测量指的是测量原理、计量器具和测量条件的多维度概念,精密测量更是如此。几何尺寸的精密测量常见于轴、孔直径的精密测量,或是线纹尺、量块的检定。常用的测量仪器有激光干涉仪、比较仪、工具显微镜、卧式测长仪等设备,高精密检测离不开这些精密测量仪,下面主要介绍不同工况条件下几何尺寸测量所需仪器。

**1. 激光干涉仪**

激光干涉仪是以激光波长为已知长度,利用迈克耳孙干涉系统测量位移的通用长度测量设备,是 20 世纪 60 年代末期问世的一种新型的测量设备,对直线度、角度、垂直度和平面度等都具有良好的测量精度。随着激光干涉仪测量技术的不断提高及测量软件的不断开发,其测量范围越来越广泛,特别是在测量数控机床位置精度方面用途最为广泛。

单频激光干涉仪的工作原理如图 6-1 所示,通过将单一频率光束射入线性干涉镜,然后分成两道光束,一道光束（参考光束）射向连接分光镜的反射镜,而第二道透射光束（测量光束）则通过分光镜射入第二个反射镜,这两道光束再反射回到分光镜,重新汇聚之后返回激光器,其中会有一个探测器监控两道光束之间的干涉。当光程差没有变化时,探测器会在相长性和相消性干涉的两极之间找到稳定的信号。当光程差有变化时,探测器会在每一次光程变化时,在相长性和相消性干涉的两极之间找到变化信号,这些变化会被计算并用来测量两个光程之间的差异变化,从而用于各类情况下的测量。

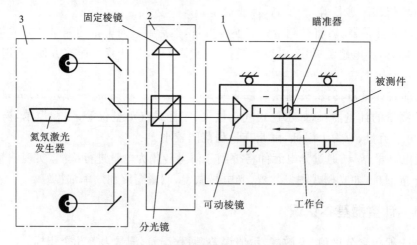

**图 6-1  单频激光干涉仪工作原理**

1—反射靶系统；2—干涉装置；3—激光器

**2. 比较仪**

比较仪是利用相对法进行测量的长度测量工具,主要由测微仪和比较仪座组成。测量轴类零件时,需要先通过量块将比较仪调整到零位,然后将工件置于工作台上即可。测试结果为指示值,即测轴径相对于仪器调零时所用基准的偏差值,加上量块基准值后即为被测轴径的值。调零过程分为粗调、细调和微调,分别通过调节仪器悬臂高低位置、调节检测装置在悬臂上的安装位置和可动表盘的刻度来实现。

当采用比较仪测量圆柱直径时,由于被测面是一个圆弧面,若采用圆弧测头测量,圆柱应在工作台面上来回滚动,找出读数的转折点,即读出接触点是轴径最高点时的读数,操作过程相较于平面测量稳定性差,需要操作者仔细观察指示装置来避免误差。

**3. 工具显微镜**

工具显微镜是一种以光学(显微镜)瞄准和坐标(工作台)测量为基础的机械式光学仪器,可用于测量各种长度和角度,特别适合于测量各种复杂的工具和零件,分为小型、大型和万能工具显微镜,主显微镜配有多种目镜和物镜,成像清晰,采用先进计算机技术,高效,适用范围广。工具显微镜设有精密导轨,控制横、纵方向的移动,并在两方向均配有精密测量装置,工件的位置变动,可以由测量装置坐标标示,从而求得被测量。测量过程中,工件的影像被放大在目镜上,加装上投影屏附件则可投射在小屏幕上。

工具显微镜调整灵活,效率高,由于其采用光学成像投影原理,以测量被测工件的影像来代替对轴径的接触测量,虽测量中无测量力引起的测量误差,但需要对测量过程中成像失真变形重视,做出必要的预防检查,否则会带来很大的测量误差。

**4. 圆度仪**

圆度仪是一种利用回转轴法测量工件圆度误差的测量工具,是最主要的高精度孔和轴圆度误差的测量仪器,其由传感器、放大器、滤波器、输出装置组成。回转轴法即利用精密轴系中的轴回转一周所形成的圆轨迹(理想圆)与被测圆比较,两圆半径上的差值由长度传感器转换为电信号,经电路处理和电子计算机计算后由显示仪表指示出圆度误差,或由记录器记录出被测圆轮廓图形。圆度仪有传感器回转式和工作台回转式两种,其结构如图 6-2 所示,前者适用于高精度圆度测量,后者常用于测量小型工件。

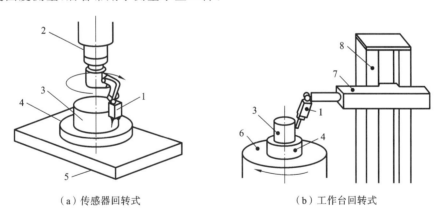

（a）传感器回转式　　　　　（b）工作台回转式

**图 6-2　圆度仪结构图**

1—测量头;2—测量主轴;3—被测件;4—调心工作台;5—固定工作台;6—旋转工作台;7—水平导轨;8—垂直导轨

(1) 图 6-2(a)中传感器回转式圆度仪具有调心工作台,以调整工件对测量轴的偏心和倾斜度,同时可以检测较重或具有重量偏心的工件,有较高精度,测量圆度效果很好,但受结构限制,测量头或工件在垂直或水平方向运动困难,难以测量圆柱度和垂直度。

(2) 图 6-2(b)中工作台回转式圆度仪测量头固定不动,被测件随工作台旋转,可以调整工件对测量轴的偏心和倾斜度,设有高精度水平导轨,可测量圆柱度、同轴度、端面平面度、端面和轴线垂直度等,操作简单可靠,适用范围广。

## 6.3　几何误差的测量

### 6.3.1　几何误差的测量原则

根据我国国家标准的规定,几何公差项目评定时要对应测出其误差。不同的误差项目需要采用不同的测量方法,并且在同一项目中,由于零件的精度要求不同,或是功能要求、形状结构、尺寸大小,以及生产批量不同,要求采用的测量方法和测量仪器也不同,因此几何误差的测量方法是很多的。按测量原则来分,可归纳为下述 5 种。

(1) 与理想要素比较原则:将被测要素与理想要素相比较,量值由直接法或间接法获得,理想要素要用模拟方法获得。

(2) 测量坐标值原则:测量被测实际要素的坐标值(如直角坐标值、极坐标值、圆柱面坐标值),并经过数据处理获得几何误差值。

(3) 测量特征参数原则:测量被测实际要素具有代表性的参数(即特征参数)来表示几何误差。

(4) 测量跳动原则:被测实际要素绕基准轴回转过程中,沿给定方向测量其对某参考点或线的变动量,变动量是指示器最大与最小读数之差。

(5) 控制实效边界原则:检验被测实际要素是否超过实效边界,以判断合格与否。

### 6.3.2　直线度误差的测量和评定

#### 1. 直线度误差的测量方法

直线度误差的测量方法分为线差测量法和角差测量法两大类。

1) 线差测量法

线差测量法的实质是用模拟法建立理想直线,然后将被测实际线与它作比较,测得实际线各点的偏差值,最后通过数据处理求出直线度误差值。线差测量法有干涉法、光轴法、双频激光自准直仪法。

(1) 干涉法。

对于小尺寸精密表面的直线度误差,可用干涉法测量。光学平晶工作面的平面精度很高,其工作面可作为一理想平面,在给定方向上则体现为一条理想直线。测量时,把光学平晶置于被测表面上,在单色光的照射下,两者之间形成等厚干涉条纹,如图 6-3 所示,然后读出干涉条纹的弯曲度 $a$ 及相邻两条纹的间距值 $b$,则被测表面的直线度误差为 $\dfrac{a}{b} \times \dfrac{\lambda}{2}$($\lambda$ 为光波波长)。

表面凹凸的判别方法是以光学平晶与被测表面的接触线为准,条纹向外弯则表面是凸的;反之,则表面是凹的。

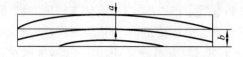

**图 6-3　光学平晶下的干涉条纹**

对于较长的研磨表面,如研磨平尺,当没有长光学平晶时,也可利用圆形光学平晶进行分段测量,即用 3 点连环干涉法测量,如图 6-4 所示。若被测研磨平尺长度为 200 mm,则可选用直径为 100 mm 的光学平晶,将研磨平尺分成 4 段进行测量,每次测量以两端点连线为准,测出中间的偏差。测完一次,光学平晶向前移动 50 mm(等于光学平晶的半径)。被测研磨平尺只需测量 3 次即可,然后通过数据处理,得出研磨平尺的直线度误差。

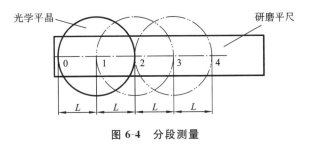

图 6-4　分段测量

（2）光轴法。

以测微准直望远镜或自准直仪所发出的光线为测量基线（即理想直线）,测出被测线相对于该理想直线的偏差,再经数据处理求出被测线的直线度误差。该法适用于大、中型工件及孔和轴的轴线直线度误差的测量。

用自准直仪测量直线度误差的测量方法,具体如下。

① 将被测线两端点连线调整到与光轴测量基线大致平行。

② 若被测线为平面线,则 $x$ 代表被测线长度方向的坐标值,$y$ 为被测线相对于测量基线的偏差值。沿被测线移动瞄准靶,同时记录各点示值 $y_i(i=1,2,3,\cdots)$,再经数据处理求出直线度误差值。

（3）双频激光自准直仪法。

如图 6-5 所示,拉曼激光器 1 发出频率为 $f_1$ 和 $f_2$ 的左、右旋圆偏振光,经固定分光镜 2 反射一小部分光经检偏器 10 由光电元件 $D_1$ 接收,大部分光经固定分光镜 2 后经 1/4 波片,成为频率分别为 $f_1$ 和 $f_2$ 且偏振方向互相垂直的面偏振光。此面偏振光经反射镜 4、分光镜 5、沃拉斯顿棱镜 6 后,分成夹角为 $\phi$、频率分别为 $f_1$ 和 $f_2$ 的两束偏振光,垂直射向夹角为 $180°-\phi$ 的角反射镜 7,再由角反射镜 7 返回,经沃拉斯顿棱镜 6、分光镜 5、反射镜 8、检偏器 9,最后到达光电接收器 $D_2$。

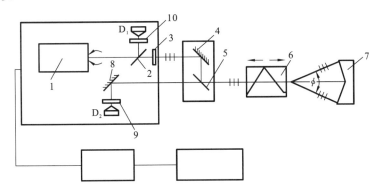

图 6-5　双频激光自准直仪的工作原理

1—拉曼激光器;2—固定分光镜;3—1/4 波片;4—反射镜;5—分光镜;
6—沃拉斯顿棱镜;7—角反射镜;8—反射镜;9,10—检偏器

测量时,若角反射镜 7 沿被测表面安放,则由于被测表面存在形状误差,角反射镜 7 会在光轴上、下发生偏移。如图 6-6(a)所示,当角反射镜的顶点在光轴上时,频率为 $f_1$ 的偏振光在

$R_1$ 点反射,频率为 $f_2$ 的偏振光在 $R_2$ 点反射,则会合光束的两个频率的光程差为零。当角反射镜的位置偏离光轴时(图中虚线,偏离量为 $E$),频率为 $f_1$ 的偏振光在 $R_1'$ 点反射,频率为 $f_2$ 的偏振光在 $R_2'$ 点反射,则会合光束的两个频率的光程差 $\Delta L = 4\,\overline{R_1 R_1'}$(或 $4\,\overline{R_2 R_2'}$)。由图 6-6(b)可知,光程差 $\Delta L$ 可以用双频激光干涉法测量得到,从而测出角反射镜偏离光轴的距离,最后获得被测表面相对于激光光轴的偏差。

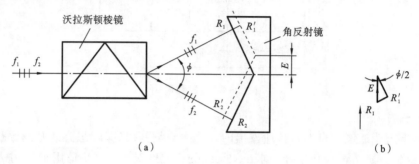

图 6-6　角反射镜的偏移

2) 角差测量法

用自然水平面或一束光线作为测量基准,测量时将被测表面分为若干段,每段长度为 $L$,用小角度测量仪器并采用节距法,逐段测出每段前、后两点连线与测量基准(水平面或光线)之间的微小夹角 $\theta_i$,然后经过数据处理,求出直线度误差值,这种测量法属于角差测量法。

图 6-7　合像水平仪

常用的小角度测量仪器有水平仪和自准直仪,其中水平仪又有框式水平仪、合像水平仪、电子水平仪几种,测得的读数都是被测直线与水平线的角度差,而自准直仪的读数则是被测直线与自准直仪发出的一束光线的夹角。其中合像水平仪由于调节、读数方便,测量准确度高,测量范围大($\pm 10$ mm/m),测量效率高,因此在检测工作中得到了广泛的应用。合像水平仪的外形如图 6-7 所示,由底板和壳体组成外壳基体,其内部则由杠杆、水准器、棱镜、调节系统(测微旋钮),以及观察透镜组成。

用合像水平仪并采用节距法测量直线度误差可按图 6-8 所示进行,使用时将合像水平仪放于桥板上相对不动,再将桥板放于被测表面上。如果被测表面无直线度误差,并与自然水平面基准平行,此时水准器的气泡则位于两棱镜的中间位置,气泡边缘通过合像棱镜所产生的影像,在观察透镜中将出现图 6-9(a)所示的情况。但在实际测量中,由于被测表面安放位置不理想或被测表面本身不平,气泡会移动,观察窗所见到的情况将如图 6-9(b)所示,即左、右两圆

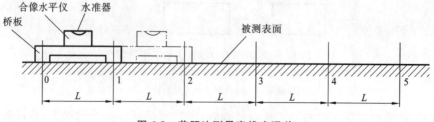

图 6-8　节距法测量直线度误差

弧错位。此时可转动测微旋钮,使水准器转动一个角度,从而使气泡返回棱镜组的中间位置,则图中两影像的错移量消失,恢复成平滑的半圆头,此时便可从合像水平仪测微旋钮的刻度盘上读出所测数值。

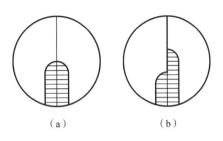

图 6-9　合像水平仪观察窗

**2. 直线度误差的评定方法**

根据整理后的测量数据,画出误差折线图,即可按一定方法进行直线度误差的评定。按国家标准,必须采用符合最小条件的评定方法,即最小包容区域法。生产实际中,为计算更加方便,也有采用两端点连线法和最小二乘法的,但这两种方法不符合最小条件。这里主要介绍最小包容区域法。

1) 最小包容区域法的人工处理

用两条平行直线包容误差折线,其中一条直线必须与误差折线两个最高(最低)点相切,在两切点之间,应有一个最低(最高)点与另一条平行直线相切。这两条平行直线之间的区域才是最小包容区域。从平行于纵坐标方向得到这两条平行直线间的距离,此距离就是被测表面的直线度误差值。符合最小条件的包容区域,其两平行线与折线的接触点有以下两种情形:

① 低-高-低相间接触,即下包容线与折线的两个最低点相切,上包容线与折线的最高点相切,且最高点横坐标在两个最低点之间;

② 高-低-高相间接触,即上包容线与折线的两个最高点相切,下包容线与折线的最低点相切,且最低点横坐标在两个最高点之间。

2) 最小包容区域法的计算机处理

利用计算机直接进行直线度误差的数据处理,需要计算机寻找最小包容区域并进行最小包容区域的判断,算法较为复杂。

(1) 计算机近似评定法。

随着计算机技术的发展,按最小条件评定直线度误差的计算机算法得到了飞速的发展,前期提出的方法多数是一些近似的方法。近似评定的方法有很多,这里只介绍近似评定法中逐步逼近法的基本原理。逐步逼近法是一般优化计算中常用的方法,通常以允许的评定误差作为优化目标,通过改变某些参数进行尝试,经反复运算比较,最终得到最接近所要结果的值。采用逐步逼近的方法来求得直线度误差值,其评定过程主要有两个步骤,即选定初值和搜索逼近。

① 选定初值:在逐步逼近法中,初值选定是关键一环,直接影响运算速度和决定处理能否顺利进行,通常希望所选定的初值尽可能接近真值(理想值)。为此,首先根据最小二乘原理,求得各测得点偏差值的一元线性回归方程 $y=kx+b$,并求得以最小二乘直线为评定基线的直线度误差值 $f_s$。一般来说,此时求得的 $f_s$ 值与按最小条件法求得的直线度误差值 $f$ 比较接近。因此,便可以用此时求得的 $f_s$ 值作为逐步逼近法的初值。

② 搜索逼近:初值 $f_s$ 选定后,进行搜索逼近。在直线度误差评定中,目前普遍采用的方法是改变一元线性回归方程中斜率 $k$ 以进行搜索逼近。为此确定搜索步长 $\Delta k$,并判别搜索方向。设直线方程斜率向某一方向改变一个步长 $\Delta k$,求得以此新直线为评定基线的直线度误差值为 $f\Delta k$。若 $f\Delta k > f_s$,则表明此时搜索方向有误,说明直线方程斜率应向反方向改变,即步长 $\Delta k$ 应改变符号;若 $f\Delta k < f_s$,则表明搜索方向正确,$\Delta k$ 应沿此方向继续一步步变化。这样,就可求得一系列斜率改变后的直线度误差值 $f_{\Delta k1}, f_{\Delta k2}, \cdots, f_{\Delta ki}, \cdots, f_{\Delta kn}$,此时有:$f_{\Delta k1} > f_{\Delta k2} >$

$\cdots > f_{\Delta ki} > \cdots > f_{\Delta kn}$。直到 $f_{\Delta kn}$ 达到某个值 $f_m$ 后，若再变化一个步长 $\Delta k$，直线度误差值变得大于 $f_m$，此时便停止搜索。

由此可见，逐步逼近法最后存在的误差大小与选择的步长大小有关，步长越小，则搜索逼近后残留的误差越小，但此时搜索的时间增长。为了解决评定精度与搜索时间之间的矛盾，可以采用变步长的方法，即先以较大的步长进行搜索，到较接近后，再改用较小的步长进一步搜索逼近，以减小残留误差。总之，逐步逼近法是具有原理误差的近似方法，最终逼近求得的直线度误差值与按最小条件法求得的直线度误差值间总存在一定的偏差。

（2）计算机精确算法。

所谓精确算法，是指真正意义上符合最小条件、无原理误差、计算结果具有唯一性的最小包容区域评定方法，例如基于构造包容线的方法，其算法和步骤如下。

① 求最小二乘直线。根据各测得点偏差值 $(x_i, y_i)$ 计算实际误差线的最小二乘直线 $y = kx + b$，其中 $y_i$ 为各测得点相对于 $x$ 轴线的偏差值，$i = 1, 2, \cdots, n$，$n$ 为测得点数。

② 确定高点和低点。以最小二乘直线为基线，将各测得点分为高点和低点，将在基线上及在其上方的点定为高点，以 $P_i$ 表示（$i = 1, 2, \cdots, m_1$，$m_1$ 为高点数目），将在基线下方的点定为低点，以 $V_i$ 表示（$i = 1, 2, \cdots, m_2$，$m_2$ 为低点数目）。

③ 构造包容线 $L_1$ 和 $L_2$。首先任选两高点 $P_i$ 和 $P_j$ 作直线 $L_{1(i,j)}$，其中 $i \neq j$，且 $i, j < m_1$，如果 $L_{1(i,j)}$ 上方无测得点，则确定其为一条上包容线，并过与 $L_{1(i,j)}$ 相距最远的一个测得点，作与 $L_{1(i,j)}$ 平行的线 $L_{2(i,j)}$ 作为相应的一条下包容线。这样，每次任选两个高点确定所有符合上述条件的上、下包容线，并计算出各包容线之间的距离 $h_{1(i,j)}$。用同样的方法，任选两低点 $V_i$ 和 $V_j$ 作直线 $L_{2(i,j)}$ 其中 $i \neq j$，且 $i, j < m_2$，如果其下方无测得点，则确定其为一条下包容线，并过与 $L_{2(i,j)}$ 相距最远的一个测得点，作与 $L_{2(i,j)}$ 平行的直线 $L_{1(i,j)}$ 作为相应的一条上包容线。同样，每次任选两个低点确定所有符合上述条件的下、上包容线，并计算出各包容线之间的距离 $h_{2(i,j)}$。

④ 计算符合最小条件的直线度误差值。上面计算出的所有 $h_{1(i,j)}$ 和 $h_{2(i,j)}$ 中的最值，即符合最小条件的直线度误差值。

### 6.3.3　平面度误差的测量与评定

平面度误差是指被测实际表面相对其理想表面的变动量，理想平面的位置应符合最小条件，平面度误差属于形位误差中的形状误差。

**1. 平面度误差的测量方法**

（1）平晶干涉法：用光学平晶的工作面体现理想平面，直接以干涉条纹的弯曲程度确定被测表面的平面度误差值。主要用于测量小平面（如量规的工作面和千分尺测头测量面）的平面度误差。

（2）打表测量法：将被测零件和测微计放在标准平板上，以标准平板作为测量基准面，用测微计沿实际表面逐点或沿几条直线方向进行测量。打表测量法按评定基准面分为三点法和对角线法：三点法是用被测实际表面上相距最远的三点所决定的理想平面作为评定基准面，实测时先将被测实际表面上相距最远的三点调整到与标准平板等高；对角线法实测时先将实际表面上的四个角点按对角线调整到两两等高，然后用测微计进行测量，测微计在整个实际表面上测得的最大变动量即该实际表面的平面度误差。

（3）液平面法：用液平面作为测量基准面，液平面由"连通罐"内的液面构成，然后用传感器进行测量。此法主要用于测量大平面的平面度误差。

（4）光束平面法：采用准值望远镜和瞄准靶镜进行测量，选择实际表面上相距最远的三个点形成的光束平面作为平面度误差的测量基准面。

（5）使用激光平面度测量仪：激光平面度测量仪用于测量大型平面的平面度误差。

**2. 平面度误差的评定方法**

平面度误差的检定，是通过被测实际表面与理想表面相比较来进行的。平面度误差的评定方法常用的有三点法、对角线法和最小区域法。理想平面相对于实际表面的位置，将影响平面度误差的检定结果，因此，规定在评定平面度误差时，理想平面的位置按最小条件来确定。

最小条件是指在确定理想平面位置时，应使该理想平面与实际表面相接触，并使两者之间的最大距离为最小。对于被测实际表面平面度的评定，可作很多个理想平面。按最小条件评定，排除了评定基准带来的误差，更如实地反映了被测平板的平面度误差，所评定的误差值为最小，有利于最大限度地保证平面度的合格性。

### 6.3.4　圆度误差的测量与评定

**1. 圆度误差的测量方法**

圆度误差的测量方法有多种，最合理、应用最广泛的是半径法，即圆度仪测量法。所用的圆度仪有转台式和转轴式两种，前者适用于测量小型工件，后者适用于测量大型工件。

转轴式圆度仪是将电感传感器安装在仪器精密回转轴系上而制成的。测量时，工件不动，传感器测头绕主轴轴线作旋转运动，测头在空间的运动轨迹形成理想圆。工件实际轮廓与此理想圆连续进行比较，其半径变化由传感器测出，经电路处理后，由记录器描绘出被测实际轮廓的图形，或由计算机算出测量结果。转台式圆度仪的运动方式与之相反，为工件回转而测头架不动。用圆度仪测量圆度误差时，应避免下列几个方面的误差。

（1）主轴回转误差。一般圆度仪主轴的回转精度很高，可满足要求。

（2）工件安装偏心所引起的误差。用圆度仪测量圆度误差时，传感器获得的信号是半径的变化量。为了得到较高的灵敏度，传感器得到的信号被大幅度地放大，但在记录图上工件的半径值又不能按上述比例放大，因而引起了图形的变化。当工件安装有偏心时，记录图形产生径向畸变，将会影响误差评定结果。当工件在圆度仪上安装无偏心时，虽然图形畸变，但并不影响误差评定结果。

（3）工件安装倾斜所引起的误差。当被测工件轴线相对于仪器主轴轴线倾斜时，使实际为圆的轮廓变成椭圆形，从而引起误差。

（4）测头的方向偏离被测工件轴线引起的误差。

**2. 圆度误差的评定方法**

根据形状误差评定时的最小条件，评定圆度误差时要找到包容实际被测圆的半径差最小的两同心圆，其半径差就是圆度误差。圆度仪有两种数据处理方法：一种是把测得的偏差值放大后，用圆形记录纸以极坐标形式记录被测轮廓，用图测法进行圆度误差的评定；另一种方法是用计算机直接计算，用计算法评定出圆度误差。

## 6.4　表面粗糙度的测量

机械加工中表面微观形貌误差评价常用的指标是表面粗糙度。表面粗糙度的评定参数很多,其中最常用的是 $Ra$、$Rz$、$Ry$、$Rq$ 等,它们代表的意义如下。

(1) $Ra$:轮廓算术平均偏差,在取样长度内被测轮廓偏距绝对值之和的算术平均值。

(2) $Rz$:微观不平度十点高度,在取样长度内 5 个最大的轮廓峰高与 5 个最大的轮廓谷深的平均值之和。

(3) $Ry$:轮廓最大高度,在取样长度内轮廓峰顶线与轮廓谷底线的最大距离。

(4) $Rq$:轮廓均方根偏差,在取样长度内轮廓偏距的均方根值。

### 6.4.1　表面粗糙度的常用测量方法

表面粗糙度反映的是机械零件表面的微观几何误差,对它的评价有定性和定量两种方法。定性评价是将待测表面与已知表面粗糙度级别的标准样板相比较,通过直接目测或借助于显微镜观察,由测量者主观判别其级别,称为表面粗糙度标准样板比较法。表面粗糙度标准样板一般要求尽可能用与工件相同的材料、加工方法及制造工艺制成,这样才便于比较及减少误差。这一方法带有人为主观性,其判断的准确性较差,有争议时改用定量评价方法。定量评价是应用仪器进行测量评定的方法,通过数据处理得出待测表面的表面粗糙度参数值。目前,应用较广的表面粗糙度测量方法主要有光切法、干涉法和针描法等。

**1. 光切法与光切显微镜**

光切法是利用光切原理来测量表面粗糙度的方法。它是将一束平行光带以一定角度投射到被测表面上,光带与表面轮廓相交的曲线影像即被测表面截面轮廓曲线的反映。

实现这种测量的仪器叫作光切显微镜(又称双管显微镜),是根据光切原理设计的。这种显微镜有光源管和观察管,两管轴线成 90°,光源管射出光带,以 45° 角的方向投射在工件表面上,形成一狭细光带,光带边缘的形状即光束与工件表面相交的曲线,也就是工件在 45° 截面上的表面形状。通过观察管目镜,可见到视场图像;通过调节读数装置的旋钮,可移动视场中的十字分划线。将十字分划线调至与峰、谷影像相切的情况,就可在目镜微鼓轮上读数,每次与一个峰、谷相切就可读一次数,对所测得的读数按评定参数的定义进行相应的运算,即可评定工件的表面粗糙度。

**2. 干涉法和干涉显微镜**

干涉法是指利用光学干涉原理来测量表面粗糙度的方法。干涉显微镜是根据光学干涉原理设计的,由光源发出的光线经聚光镜、反射镜投射到孔径光阑的平面上,照亮位于照明物镜前的视场光阑,光线通过照明物镜后成平行光线,射向半透半反射的分光镜后分成两束。一束反射光线经滤光片,再通过物镜组射向基准平面反射镜,被反射回到分光镜。光线通过分光镜射向目镜,从分光镜透过的另一束光线通过补偿镜、物镜射向工件表面,反射回的光线最后也射向目镜。由于两路光线有光程差,因此相遇时产生干涉现象,在目镜分划板上产生明暗相间的干涉条纹。若被测表面粗糙不平,干涉条纹即呈弯曲形状,由于光程差每增加半个波长即形成一条干涉带,因此被测表面微观不平度的实际高度为

$$H = b\lambda/2a$$

式中:$\lambda$ 为光波波长。在取样长度内,测算 5 个最大的 $H$ 并加以平均即得出 $Rz$ 值,也可以测量评定 $Ry$ 值。干涉显微镜一般用于测量表面粗糙度参数较小的光亮表面,即微观不平度十点高度 $Rz$ 值为 $0.025 \sim 0.8$ μm 的表面。

**3. 针描法**

针描法又称触针法,是一种接触式测量方法,利用仪器的触针与被测表面相接触,并使触

针沿其表面轻轻划过,感触到表面的实际形貌,通过数据采集得到被测表面粗糙度。

针描法的测量原理是将一个很尖的触针(半径可以做到微米量级的金刚石针尖)垂直安置在被测表面上作横向移动,由于工作表面粗糙不平,因此触针将随着被测表面轮廓形状作垂直起伏运动。将这种微小位移通过电路转换成电信号并加以放大和运算处理,即可得到工件表面粗糙度参数值。也可通过记录器描绘出表面轮廓图形,再进行数据处理,进而得出表面粗糙度参数值。这类仪器垂直方向的分辨率最高可达几纳米,触针的曲率半径直接限制了仪器所能检测的表面粗糙度的最小参数。

### 6.4.2　表面粗糙度的其他测量方法

#### 1. 印模法

一些零件的内表面难以使用仪器直接进行测量,此时可用印模法来间接测量,即利用某些塑性材料印模,适当用力把它贴合在被测表面上,然后小心取下,在印模上即留下了被测表面的轮廓形状,然后对印模的表面进行测量,得出零件的表面粗糙度。目前,常用的印模材料有川蜡、石蜡、赛璐珞和低熔点合金等。由于印模材料不可能填满谷底,且取下印模时往往峰尖会缺损,因此测得印模的表面粗糙度数值比实际值略有减小,一般应进行修正。

#### 2. 非接触测量法

用触针直接接触并扫描工件的实际表面,这种方法测量结果可靠、快速、准确。但是,触针直接与工件表面接触,有可能会划伤被测表面,特别是对一些质地较软的表面(例如光盘、硅片等),不可采用触针式测量方法。因此,非接触式表面轮廓探测技术逐渐发展起来。现在已有光学探针可取代机械触针,它用透镜聚焦的微小光点取代金刚石针尖,表面轮廓高度的变化通过检测焦点误差来确定。只要能感触到被测表面的实际变化,并得到相应的电信号,就可以像用机械触针一样,用它来扫描被测表面。由于与被测表面不存在刚性接触,不会划伤被测表面,因此其数据的采集、处理,以及结果的显示,都可以通过与前面介绍的触针式测量仪器相同的方法得以实现。

# 6.5　精密测量设备介绍

本节主要介绍工件表面微观形貌和微观特性精密检测设备的工作原理和应用实例,主要包括扫描电子显微镜、白光干涉仪、原子力显微镜、表面轮廓仪和纳米压痕仪。

#### 1. 扫描电子显微镜

扫描电子显微镜(scanning electron microscope,SEM)是继透射电镜之后发展起来的一种电子显微镜。它的成像原理和光学显微镜或透射电子显微镜不同,它是以电子束作为照明源,把聚焦得很细的电子束以光栅状扫描方式照射到试样上,产生各种与试样性质有关的信息,然后加以收集和处理从而获得微观形貌放大像。扫描电子显微镜由电子光学系统(镜筒)、偏转系统、信号检测放大系统、图像显示和记录系统、电源系统和真空系统等部分组成 ,如图6-10 所示。

SEM 的特点包括仪器分辨本领较高,二次电子像分辨本领可达 1.0 nm(场发射),3.0 nm (钨灯丝);其放大倍数变化范围可从几倍到几十万倍,且连续可调;像景深大,富有立体感,可直接观察起伏较大的粗糙表面,如金属和陶瓷的断口等。试样制备简单,只要将块状或粉末的、导电的或不导电的试样不加处理或稍加处理,就可直接放到 SEM 中进行观察。图 6-11 所

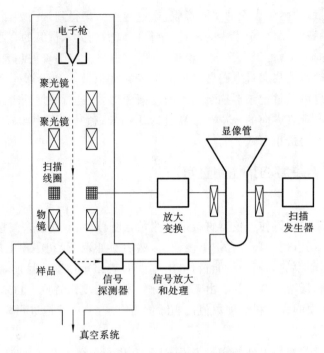

**图 6-10　SEM 结构示意图**

示为研磨加工所用 W7 和 W40 碳化硅磨粒在 SEM 下的微观形貌,能够充分反映磨粒的粒径分布规律与外形特点。

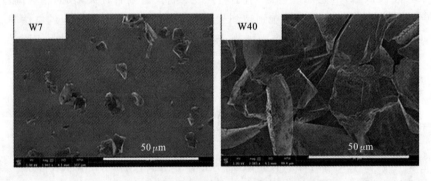

**图 6-11　碳化硅磨粒在 SEM 下的显微形貌**

此外,SEM 装上波长色散 X 射线谱仪(WDX,简称波谱仪)或能量色散 X 射线谱仪(EDX,简称能谱仪)后,在观察扫描形貌图像的同时,可对试样微区进行元素分析,广泛应用于生物、医学、材料、化学、机械等学科领域。

**2. 白光干涉仪**

白光干涉仪是一种对光在两个不同表面反射后形成的干涉条纹进行分析的仪器,其基本原理是利用干涉原理,测量光程差从而测定有关物理量。白光干涉仪基本组成和测量过程如图 6-12 所示,光源发出的激光,通过分光镜分成两束光,一束光从参考镜反射回来,一束光从样品上反射回来,这两束光通过分光镜会合形成干涉,在 CCD(charge coupled device,电荷耦合器件)摄像头上对干涉图案进行成像。

白光干涉仪分辨率高,可以快速处理数字信号,已被广泛应用于医药卫生领域、光纤产品

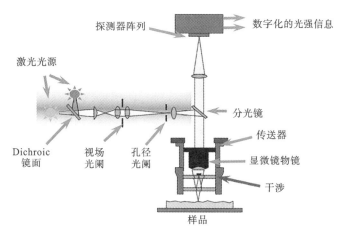

图 6-12　白光干涉仪基本组成和测量过程

和精密加工表面测量等方面。图 6-13 所示为光学玻璃表面划痕的白光干涉形貌,白光干涉仪还可同时获取被测位置的表面粗糙度参数。

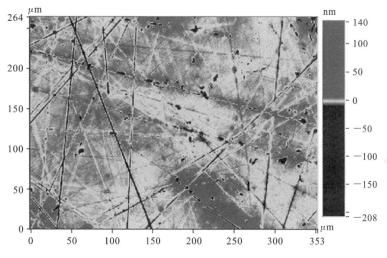

图 6-13　光学玻璃表面划痕的白光干涉形貌

### 3. 原子力显微镜

原子力显微镜(atomic force microscope,AFM)是一种可用来研究包括绝缘体在内的固体材料表面结构的分析仪器。它主要由带针尖的微悬臂、微悬臂运动检测装置、监控微悬臂运动的反馈回路、压电陶瓷扫描器件,以及图像采集、显示及处理系统组成。其工作原理是通过计算机和控制电路扫描样品表面微观形貌,检测微细探针原子团和样品原子团间的相互作用力来获得样品表面高低起伏情况,利用激光检测装置测量微细探针的起伏,最终生成三维形貌。

原子力显微镜不需要对样品进行任何特殊处理,可用于检测导电及不导电材料。原子力显微镜对检测环境适应性强,在常压下甚至在液体环境下都可以良好工作,能够用来研究生物宏观分子,甚至活的生物组织。图 6-14 所示为光学玻璃表面 1.5 N 脆性划痕的原子力显微形貌,通过原子力显微镜能够获取划痕的截面形状及宽深尺寸。

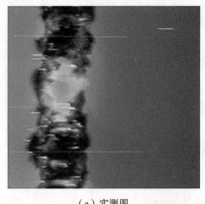

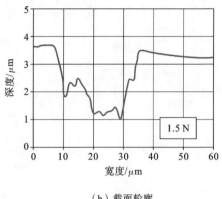

（a）实测图                       （b）截面轮廓

**图 6-14   光学玻璃表面 1.5 N 脆性划痕的原子力显微形貌**

### 4. 表面轮廓仪

表面轮廓仪可分为两种：接触式表面轮廓仪和非接触式表面轮廓仪。接触式最典型的是触针式轮廓仪，非接触式则可分为非光学式扫描显微镜和光学轮廓仪。触针式轮廓仪的工作原理是在轮廓仪顶端设置半径很小的触针，当触针在被测表面上产生横向位移时，其针尖会轻轻在被测表面上移动，由于被测物体的表面会凹凸不平，因此触针会沿着轮廓在垂直方向移动，通过各类位移传感器将微小的位移信号转换为电信号，经过反馈计算可测量出该表面的形貌特征。一般来说，触针针尖的大小决定了此种测量方法的精度，半径越小，精度越高。使用非接触式表面轮廓仪则是不直接接触被测件表面，通过间接手段反映被测表面信息的测量方法。非接触式表面轮廓仪测量出来的信息经过计算机处理，转变成测量者需要的轮廓特征。这种方法既保护了测量装置，同时又避免了与测量装置直接接触引入的测量误差。

随着现代高新技术产业的迅速发展，微光学元件、微电子器件等高精密加工表面元器件不断涌现，对产品质量的要求也越来越高。表面轮廓仪由于可测量各种精密零件的素线形状，包括直线度、角度、对数曲线、槽宽、凸度、槽深等参数，操作简便，测量效率高，因此被广泛使用。表面轮廓仪测量得到的三维轮廓精度高，可达到纳米级别，同时测得的形貌特征较为细致，可以精确反映所测元件相关参数。

### 5. 纳米压痕仪

近年来，纳米压痕测试技术已成为材料力学特性测试与表征的一种常用手段。纳米压痕仪的基本结构主要有主机部分、电控部分和隔振部分，其中主机部分又包括压力传感器、光学显微镜、位移平台、SPM（scanning probe microscope，扫描探针显微镜）扫描器。其基本原理是用金刚石针尖以极小的力在试件表面压出纳米级或微米级压痕，并测试针尖在加载和卸载过程中的压力与压入深度的关系，通过压深和针尖的形状计算压痕面积从而计算材料的硬度。纳米压痕测试技术的关键在于根据压痕过程中得到的载荷-压深曲线来分析材料的多项力学性能。

纳米压痕仪主要用于微纳米尺度薄膜材料的力学测试，可以用于研究或测试薄膜等纳米材料的硬度、弹性模量、接触刚度、蠕变性、弹性功、塑性功、断裂韧性、应力-应变曲线、疲劳曲线、存储模量及损耗模量等特性，可适用于有机或无机、软质或硬质材料的检测分析等，是一种精确可靠的测试工具。

# 6.6　在线检测技术

## 6.6.1　在线检测技术概况

在线检测技术是一种集计算机技术、微位移技术、传感器技术、信号检测及处理技术、精密制造技术、预报与控制技术于一体的高新技术。它能够连续检测工件加工过程中各种参数的变化，反映加工的实际情况，通过对误差信号的采集、处理、输出并与误差补偿控制系统连接，实现对生产过程的控制。

### 1. 产品质量检测方法

目前，产品质量检测方法主要有以下三种。

（1）手工检测：机床操作者利用游标卡尺、千分表等手持式检测器具对零件进行质量检测。这类检测主要用于简单型面加工尺寸的检测，可以是在线检测，也可以是离线检测。

（2）离线检测：先将加工后的零件从数控机床上取下，然后放到特定的检测设备（如三坐标测量机）上进行检测。这类检测主要用于复杂型面的加工质量检测或专项检测。

（3）在线检测：在数控机床上安装在线检测系统，利用系统提供的宏程序，对加工中的零件进行实时检测，并依据检测的结果作出相应的处理，因此也称为实时检测。这类检测可用于各种型面加工质量的检测。

### 2. 在线检测技术的发展与优势

在线检测是一种用计算机自动控制的检测技术，其检测过程是由数控程序实现的，通过在数控机床上安装检测系统，将检测系统提供的检测程序嵌入数控程序中自动对零件进行检测。这使得数控机床既是加工设备又是检测设备，既克服了手工检测中人为因素的影响，提高了检测结果的准确性，又由于直接在数控机床上进行检测，减少了零件的搬运和装夹次数，缩短了零件检测的时间，保证了零件加工基准和检测基准的一致性，提高了检测过程的效率和检测结果的准确性。此外，通过在线检测，可以在零件的加工过程中实时地检测其状态信息，根据实时检测到的状态信息便可以及早发现加工误差，尽快作出修正，从而达到降低产品废品率和节约成本的目的。

## 6.6.2　数控机床在线检测系统

### 1. 数控系统的概念

数控系统是采用数控技术的自动控制系统，用数字指令来控制机床的运动，是一种自动控制技术的应用。装备了数控系统的机床称为数控机床。随着生产的发展，数控技术已不仅用于金属切削机床，而且还用于其他的机械设备，如三坐标测量机、工业机器人、激光切割机、数控雕刻机、电火花切割机等。计算机数控（CNC）系统是采用存储程序的专用计算机来实现部分或全部基本数控功能的数控系统。

随着微电子技术和计算机技术的不断发展，数控系统也随之不断更新，发展异常迅速，从第一代数控机床诞生起，数控系统已经历了几代变化。

第一代数控系统：1952—1959 年采用电子管构成的专用数控（NC）系统。

第二代数控系统：从 1959 年开始采用晶体管电路的 NC 系统。

第三代数控系统：从 1965 年开始采用小、中规模集成电路的 NC 系统。

第四代数控系统：从 1970 年开始采用大规模集成电路的小型通用电子计算机控制的 CNC 系统。

第五代数控系统：从 1974 年开始采用微型电子计算机数控（microcomputer numerical control，MNC）系统。

由于数控机床的优越性，在国际竞争日益剧烈、产品品种变化频繁的形势下，各国都致力于开发各种数控机床，因此机床的数控化率不断提高。

**2. 数控系统的组成及工作原理**

数控系统由输入/输出装置、计算机数控装置、可编程序控制器（PLC）和伺服驱动装置四部分组成，有些数控系统还配有位置检测装置，如图 6-15 所示。

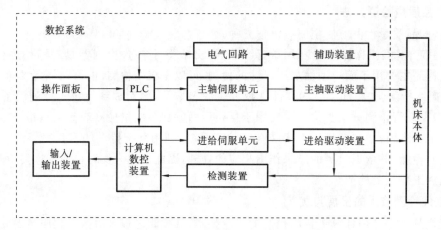

图 6-15　数控系统的组成

数控系统的工作原理如下：首先，根据零件加工图样的要求确定零件加工的工艺过程、工艺参数和刀具位移数据，再按编程手册的有关规定编写零件加工程序；其次，把零件加工程序输入数控系统。数控装置的系统程序将对加工程序进行译码与运算，发出相应的命令，通过伺服系统驱动机床的各运动部件，并控制所需要的辅助动作，最后加工出合格的零件。系统程序存于计算机内存中，所有的数控功能基本上都依靠该程序完成，例如输入、译码、数据处理、插补、伺服控制等。下面简单介绍计算机数控系统的工作过程。

（1）输入。

现代数控装置使用标准串行通信接口与微型计算机相连接，实现零件加工程序和参数的传送。零件加工程序较短时，也可直接用系统操作面板键盘将程序输入数控装置；零件加工程序较长时，大都通过系统自备的 RS-232 通信接口与微型计算机相连接，利用通信软件传输零件加工程序。传输方式有两种：一种是数控装置内存许可，将零件加工程序直接传输到系统内部存储器；另一种是加工程序太大，数控装置内存不足，只能边传输边加工。

（2）译码。

输入的程序段含有零件的轮廓信息（起点、终点、直线或圆弧等）、要求的加工速度，以及其他辅助信息（换刀、换挡、冷却液等），计算机依靠译码程序来识别这些数据符号，译码程序将零件加工程序翻译成计算机内部能识别的语言。

（3）数据处理。

数据处理一般包括刀具半径补偿、速度计算，以及辅助功能的处理。刀具半径补偿是把零件轮廓轨迹转化为刀具中心轨迹，这是由于轮廓轨迹是靠刀具的运动来实现的。速度计算是为了解决该加工数据段以什么样的速度运动的问题,加工速度的确定是一个工艺问题,CNC系统的作用仅仅是保证这个编程速度的可靠实现。另外,辅助功能如换刀、换挡等亦在这个过程中处理。

（4）插补。

插补,即知道了一个曲线的种类、起点、终点,以及速度后,在起点和终点之间进行数据点的密化。计算机数控系统中有一个采样周期,在每个采样周期形成一个微小的数据段。若干次采样周期后完成一个数据段的加工,即从数据段的起点走到终点。计算机数控系统是一边插补,一边加工的。本次采样周期内插补程序的作用是计算下一个采样周期的位置增量。一个数据段正式插补加工前,必须先完成诸如换刀、换挡等功能,即只有辅助功能完成后才能进行插补。

（5）伺服控制。

伺服控制的功能是根据不同的控制方式（如开环、闭环）,把来自数控系统插补输出的脉冲信号经过功率放大,通过驱动元件和机械传动机构,使机床的执行机构按规定的轨迹和速度加工。

（6）管理程序。

当一个数据段开始插补时,管理程序即着手准备下一个数据段的读入、译码、数据处理,即由它调用各个功能子程序,且保证一个数据段在加工过程中的同时做下一个程序段的准备工作。一旦本数据段加工完毕,即开始下一个数据段的插补加工。整个零件加工就是在这种周而复始的过程中完成的。

**3. 数控机床在线检测系统的组成**

数控机床的在线检测系统由硬件和软件组成。硬件部分通常由以下几部分组成。

（1）数控机床:数控机床由 CNC 数控单元、伺服系统（包括主轴单元与进给单元）、机床本体等组成。它的传动部件的精度直接影响加工、检测的精度。

（2）测量系统:测量系统由测头、信号传输系统和数据采集系统组成,是数控机床在线检测系统的关键部分,直接影响在线检测的精度。使用测头可在加工过程中进行尺寸测量,根据检测结果可自动修改加工程序,改善加工精度,使得数控机床既是加工设备,又兼具测量机的某些功能。测头按功能可分为工件检测测头和刀具测头;按信号传输方式可分为硬线连接式、感应式、光学式和无线式测头;按接触形式可分为接触测量和非接触测量测头。

目前在我国常用的测头有德国海德汉公司的 TS 系列测头、德国 m&h 公司的 m&h 测头、英国雷尼绍公司的雷尼绍测头、我国哈尔滨先锋机电技术开发有限公司的 TP25 测头等。它们可以用于数控车床、加工中心、数控磨床等大多数数控机床。

（3）计算机系统:计算机系统通过各种接口设备与数控机床实现连接。在线检测系统可用计算机进行测量数据的采集和处理、生成完整检测任务的数控程序、对检测过程进行仿真,以及与数控机床建立通信联系等。目前,用于计算机系统的在线检测程序一般在 CAD/CAM、CAPP（computeraided process planning,计算机辅助工艺设计）/CAM,以及 VC++ 等软件上运行,并能尽量减少测量结果的分析和计算时间。

**4. 数控机床在线检测的工作原理**

机床的检测系统往往是由若干个基本环节构成的,主要分为开环结构和平衡闭环结构两种形式,如图 6-16(a)(b)所示。

进行数控机床在线检测时,首先要让数控系统运行测量程序,通过跳步指令,使测头按程

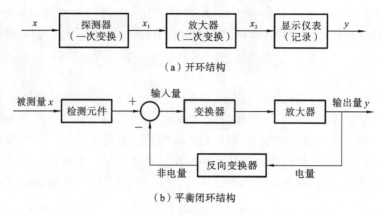

图 6-16　检测系统结构

序规定的路径运动,当测头接触工件发出触发信号时,机床停止运动,将触发信号传到转换器,转换器将触发信号转换后通过转换器与数控系统的连接接口传送给数控机床的控制系统,信号被接收后该点的坐标被记录下来,然后进行下一个测量动作。采用计算机辅助制造模式时,可在计算机辅助编程系统上自动生成检测程序,然后由通道信号接口传输给数控系统,数控系统记录的测量点的坐标也通过通信接口传回计算机。上位机通过监测 CNC 系统返回的测量值,可对系统测量结果进行计算补偿及可视化等各项数据的处理工作。其测量典型几何形状时检测路径的步骤如下:

(1) 确定零件待测形状特征的几何要素;

(2) 确定零件的待测精度特征;

(3) 根据测量的形状特征、几何要素和精度特征,确定检测点数及其分布;

(4) 根据检测点数及其分布形式建立数学计算公式;

(5) 确定检测零件的工件坐标系;

(6) 根据检测条件确定检测路径。

**5. 数控机床在线检测编程与系统仿真**

1) 数控机床在线检测编程

在线检测技术的关键体现在检测程序的编制上,检测程序编制质量的优劣直接影响检测结果。目前的检测软件主要有商业化软件和自主开发的软件。商业化软件如英国 Delcam 公司的 PowerINSPECT,是一种开放的检测软件,不受测量设备的限制,既可以在线检测,也可以离线检测,不仅能提供在线检测的功能,还能够在检测前针对读取的 CAD 模型进行检测路径的编程工作,并进行检测的仿真,然后将编好的程序传输给 CNC 检测设备,进行自动检测。自主开发软件的编程方式有基于 C、C++、VC++、VB、Delphi 等语言的开发平台的在线检测编程方式和基于 CAD 开发平台的在线检测编程方式。

2) 数控机床在线检测系统仿真

目前,数控机床在线检测系统借鉴 CAD/CAM 技术的发展思路,开发出了相应的在线检测仿真系统。仿真系统以图形化的方式再现数控机床在线检测过程,可形象直观地对检测路径规划进行检查,提前发现宏程序编制中的错误,以避免在真实检测过程中对在线检测系统造成破坏。以 VC++ 语言作为系统开发工具,OpenGL 作为三维场景开发工具,按照面向对象的程序设计思想开发数控机床在线检测仿真系统的过程如下。

(1) 建立虚拟检测环境,可采用 OpenGL 标准进行图形处理工作,利用它可进行几何建模、图形交换、渲染、光照等多种操作。

（2）提取检测信息，仿真系统应具备完整的检测信息提取能力，能实现对测量程序的语法检查，能实现相关的计算与判断，最为重要的是能够提取出测头的运动轨迹，以驱动测头的检测仿真。

（3）驱动虚拟测头，在线检测系统是利用测头与待测物体的碰撞来确定接触点的位置信息的，因而检测仿真必须逼真地再现这一过程，这也是整个仿真系统的核心问题。为保证测头可靠地撞击待测物体，应使测头检测运动的最远行程大于测头到实际接触点的距离，即实际接触点位于检测起始点与测头最远行程点之间的直线段上。

# 复习思考题

1. 几何量精密测量中计量器具主要有哪几种？各有什么优缺点？

2. 对于轴类零件几何尺寸的精密测量，通常采用哪种仪器？简述其使用原理及方法。

3. 圆度测量所用的圆度仪有哪几种？简述其工作原理和特点。

4. 表面粗糙度的测量方法有哪些？选择其中一个就测量原理、适用范围等加以详细阐述。

5. 产品检测方法包括哪些？和其他检测方法相比，为什么在线检测技术发展如此迫切？

6. 数控机床具有优异的在线检测和控制技术，试简述其组成及工作原理。

# 思政小课堂

**华为 5G 引爆智能制造**　汽轮机是以蒸汽为动力，并将蒸汽的热能转化为机械能的旋转机械，有单机功率大、效率高、寿命长等优点，是火力发电厂中应用最广泛的原动机，也用于冶金工业、化学工业、舰船动力装置中。

汽轮机的技术升级对于国家发展意义重大，包括石油、化工、冶金、电力、舰船、国防这些行业的技术升级，都涉及这一重要动力装置。华为 5G 技术的成熟和落地，正带动千行百业数字化转型，汽轮机的生产制造，也正拥抱着翻天覆地的智能化改造。目前，中国移动杭州公司宣布在 5G 工业互联网方面取得重大突破——通过携手华为，与杭州汽轮动力集团有限公司(简称杭汽轮集团)、浙江中控技术股份有限公司(简称浙江中控)、浙江新安化工集团股份有限公司(简称新安化工)等企业合作，实现了包括 5G 三维扫描建模检测系统、仪表无线减辐升级等省内首批 5G 工业互联网应用，且均已进入试点阶段。

汽缸和金属叶片作为汽轮机的重要组件，产品高度定制化，外形结构复杂，精度要求极高。过去传统的检测程序需要人工与设备结合进行，一个叶片的检测时间需要2～3 天，因此质检只能采用抽检的方式进行。对于工程师们来说，如何高效检测这些复杂组件一直是个巨大挑战，而 5G 三维扫描建模检测系统的到来，成为了解决车间痛点的福音。5G 三维扫描建模检测系统，通过激光扫描技术，可以精确快速获取物体表面三维数据并生成三维模型，通过 5G 网络实时将测量得到的海量数据传输到云端，由云端服务器快速处理比对,确定实体三维模型是否和原始理论模型保持一致,使得检测时间从 2～3 天降低到了 3～5 分钟,在实现产品全量检测的基础上还建立了质量信息数据库,以便于后期质量问题的分析追溯,既节省了成本,也直接提升了效益。目前,5G 三维扫描建模检测系统主要用于叶片的质量检测和汽缸毛坯的检测比对,如果产品合格,图形显示为绿色;如果不合格,则图形自动显示为红色。图 1 所示为工作人员利用 5G 三维扫描系统对汽缸进行精密扫描检测的场景。

**图 1　5G 三维扫描系统检测汽缸场景**

　　5G 技术已经成为支撑智能制造转型的关键技术,可以将分布广泛且零散的人、机器和设备全部连接起来,构建统一的互联网络,开启人机深度交互、万物广泛互联的新时代,为制造业的提质增效和实体经济的转型升级注入新的活力,大力推动工业互联网的发展,促进"中国制造"高速转型为"中国智造"。

# 第7章 精密特种加工技术

20世纪50年代以来，科学技术高速发展的需要，尤其是国防尖端技术产品的研制需求越来越迫切，使得机械零件材料越来越难加工，结构越来越复杂，加工精度、表面质量和某些特殊要求越来越高，电子束、离子束和激光等能量形式也相继被用于工件的精密加工，从而解决了一些传统加工方法难以甚至无法解决的工艺问题。

区别于传统的使用刀具或磨具等直接利用机械能去除材料的加工方法，特种加工也称非传统加工(non-traditional machining, NTM)，泛指用电能、热能、光能、电化学能、化学能、声能及特殊机械能等能量去除或增加材料的加工方法，该方法能实现材料去除、变形、性能改变或镀覆等，其加工范围不受材料物理、力学性能的限制，能够加工任何硬的、软的、脆的、耐热或高熔点金属，以及非金属材料。

## 7.1 特种加工的分类和特点

利用电能或电化学能对工件进行加工的特种加工技术称为电加工，其中以电能为主的电火花加工和电解加工应用最为广泛；利用激光、电子、离子或水等某种形式的高能量密度的束流对工件材料进行去除、连接、增长或改性的特种加工技术则称为高能束流加工，通常包括激光加工、电子束加工和离子束加工，也称三束加工。

### 7.1.1 特种加工的分类

特种加工技术一般按照加工方法、能量来源及形式，以及加工原理进行分类，常见的特种加工技术的分类如表7-1所示。

表7-1 常见的特种加工技术的分类

| 特种加工方法 | | 能量来源及形式 | 加工原理 |
|---|---|---|---|
| 电火花加工 | 电火花成形加工 | 电能、热能 | 熔化、气化 |
| | 电火花线切割加工 | 电能、热能 | 熔化、气化 |
| | 电火花短电弧加工 | 电能、热能 | 熔化、气化 |
| 电化学加工 | 电解加工 | 电化学能 | 金属阳极溶解 |
| | 电解磨削 | 电化学能、机械能 | 阳极溶解、磨削 |
| | 电解研磨、珩磨 | 电化学能、机械能 | 阳极溶解、研磨 |
| | 电铸 | 电化学能 | 金属离子阴极沉淀 |
| | 涂镀 | 电化学能 | 金属离子阴极沉淀 |
| 激光加工 | 激光切割、打孔 | 光能、热能 | 熔化、气化 |
| | 激光打标机 | 光能、热能 | 熔化、气化 |
| | 激光处理、表面改性 | 光能、热能 | 熔化、相变 |
| | 准分子激光直写加工 | 光能 | 光化学反应、化学键断裂 |

| 特种加工方法 | | 能量来源及形式 | 加工原理 |
|---|---|---|---|
| 电子束加工 | 切割、打孔、焊接 | 电能、热能 | 熔化、气化 |
| 离子束加工 | 蚀刻、镀覆、注入 | 电能、动能 | 原子撞击 |
| 等离子弧加工 | 切割(喷镀) | 电能、热能 | 熔化、气化(涂覆) |
| 超声加工 | 切割、打孔、雕刻 | 声能、机械能 | 磨料高频撞击 |
| 化学加工 | 化学铣削 | 化学能 | 腐蚀 |
| | 化学抛光 | 化学能 | 腐蚀 |
| | 光刻 | 光能、化学能 | 光化学腐蚀 |
| 快速成形 | 液相固化法 | 光能、化学能 | 增材加工 |
| | 粉末烧结法 | | |
| | 纸片叠层法 | 光能、热能、机械能 | |
| | 熔丝堆积法 | 电能、热能、机械能 | |

### 7.1.2 特种加工的特点

特种加工技术是为了解决采用传统切削、磨削加工技术很难,甚至不能,或者不能经济高效解决的加工问题而产生并发展起来的先进制造技术,是常规加工工艺的有益而必要的补充。随着新材料、新产品的不断推出,特种加工技术的应用越来越广泛,越来越显示出其显著的技术经济效果,甚至在有些特殊场合成了必需的加工工艺技术。

与常规加工工艺相比,特种加工具备以下特点:

(1) 主要靠电、化学、电化学、光、热、声等能量去除工件材料,而非主要依靠机械能;

(2) 加工时不受工件材料强度或硬度的制约,工具硬度可以低于工件材料的硬度;

(3) 加工过程中工具和工件间不产生显著的弹、塑性变形,加工残余应力冷作硬化小。

因此,总体而言,特种加工工艺可以加工任何硬度、强度,韧性、脆性的金属或非金属材料,而且特别适合结构复杂、低刚度零件的加工,并广泛应用于微细加工。除此之外,不同类型的能量可以方便地组合形成复合加工形式,加工能量易于控制和转换。

## 7.2 电火花加工技术

电火花加工(spark-erosion machining,electro-discharge machining,EDM)又称放电加工,是 1943 年由苏联人发明的,是一种电、热能加工方法。

### 7.2.1 电火花加工的原理和过程

**1. 电火花加工原理**

电火花加工基于电火花腐蚀原理,在工具电极(正、负电极)与工件电极(导体或半导体)相互靠近时,通过电极与工件之间脉冲放电时的电腐蚀现象,在电火花通道中产生瞬时高温,使工件局部熔化,甚至气化,从而有控制地蚀除多余材料,使工件尺寸、形状及表面质量达到要求。电火花加工基本原理如图 7-1 所示。加工时,把工具电极 4 与工件 7 浸在电介质溶液(工作液)3 中,并在其间施加脉冲电压(由脉冲电源 6 提供),自动进给调节系统 5 调节工具电极 4 使其与工件 7 之间保持很小的放电间隙。当满足放电条件时,工件和工具电极间局部产生火花放电,火花通道中瞬时产生大量的热,足以使工件表面的金属局部熔化,甚至气化而被蚀除,在工件表面形成微小的凹坑。经过不断的火花放电,工件表面的材料将会不断地被蚀除,则可将工具电极的形状复制在工件上,加工出所需的零件。

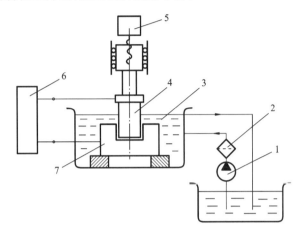

图 7-1　电火花加工基本原理

1—工作液泵;2—过滤器;3—工作液;4—工具电极;5—自动进给调节系统;6—脉冲电源;7—工件

**2. 电火花加工的条件**

利用电腐蚀现象对材料进行加工即电火花加工应具备以下条件。

(1) 工具电极和工件的两极之间要有一定的间隙,一般为数微米到数百微米。因此,加工中必须用自动进给调节机构来保证加工间隙随加工状态变化。

(2) 火花放电必须在有较高的绝缘强度的液体介质(如电火花油、水溶性工作液或去离子水等)中进行。液体介质可以压缩放电通道,同时还能把加工过程中产生的金属蚀除产物、炭黑等从放电间隙中排出,并能够较好地冷却电极和工件。

(3) 输送到两极间的能量要足够大,即放电通道要有很大的电流密度(一般为 $10^5 \sim 10^6$ A/cm²)。这样,放电时产生大量的热,足以使任何导电材料局部熔化或气化。

(4) 放电应是短时间的脉冲放电,放电的持续时间为 $10^{-7} \sim 10^{-3}$ s。由于放电的时间短,因此放电产生的热来不及传导扩散开去,从而把放电点局限在很小的范围内。

(5) 脉冲放电需要重复多次进行,并且每次脉冲放电在时间上和空间上是分散且不重复的,即每次脉冲放电一般不在同一点进行,避免发生局部烧伤。

(6) 脉冲放电后的电蚀产物能及时排运至放电间隙之外,使重复性脉冲放电顺利进行。

**3. 电火花加工过程**

每次电火花放电的微观过程都是电场力、磁力、热力、流体动力、电化学和胶体化学反应等综合作用的过程。这一过程大致可分以下四个连续阶段。

(1) 电离—放电:极间介质的电离、击穿,形成放电通道。

由于工具电极和工件的微观表面是凹凸不平的,极间间距又很小,因此极间电场强度很不均匀,两极间距离最近的突出点或尖端处的电场强度一般最大。当阴极表面某处的场强增加到 $10^6$ V/cm 以上时,该处就会产生场致电子发射,由阴极表面逸出电子。在电场作用下,电子高速向阳极运动并撞击介质中的分子和中性原子,产生碰撞电离,形成电子和正离子,导致带电粒子雪崩式增多,击穿介质而放电(见图 7-2(a))。

(2)热膨胀—爆炸:介质热分解,电极材料熔化、气化热膨胀。

极间介质一旦被电离、击穿并形成放电通道后,脉冲电源使通道间的电子高速奔向正极,正离子奔向负极。电能变成动能,动能通过碰撞又转变为热能。于是在通道内,正极和负极表面瞬间产生高温。高温除了使工作液汽化、热分解汽化以外,还使金属材料熔化直至沸腾汽化。蒸气体积瞬时增大并急剧膨胀,发生爆炸现象(见图 7-2(b))。

(3)抛出材料—形成凹坑:电极材料的抛出。

在脉冲放电初期,高温热源将使电极放电点部分材料和介质气化并急剧膨胀,产生很大的热爆炸力,使被加热至熔化状态的材料挤出或溅出。这种瞬间热爆炸力的抛出效应比较显著。在脉冲放电持续期间,放电通道中的带电粒子将在电场作用下形成电子流和离子流,并分别冲击阳极和阴极表面,将放电点的局部金属过热熔融,使其内部形成气化中心,引起气化爆炸外抛出一部分(见图 7-2(c))。

(4)消电离:极间介质的消电离。

一次脉冲放电结束后还应有一段间隔时间,使间隙介质消电离,即放电通道中的带电粒子复合为中性粒子,恢复本次放电通道处间隙介质的绝缘强度。这样可以保证在两极相对最近处或电阻率最小处形成下一次击穿放电通道,以形成均匀的加工表面(见图 7-2(d))。

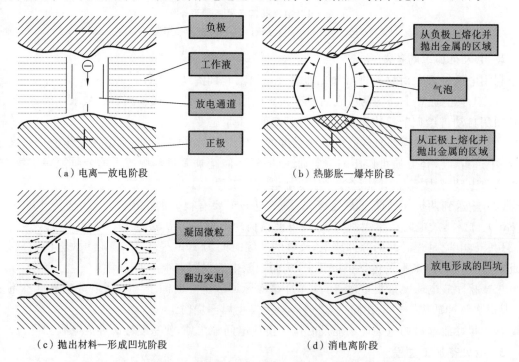

(a)电离—放电阶段 　　　　(b)热膨胀—爆炸阶段

(c)抛出材料—形成凹坑阶段 　　　　(d)消电离阶段

图 7-2　电火花加工过程

## 7.2.2　电火花加工的特点及类型

目前,电火花加工技术已广泛用于宇航、航空、电子、原子能、计算技术、仪器仪表、电机电器、精密机械、汽车拖拉机、轻工等行业,主要解决难切削加工及复杂形状工件的加工问题,加工范围已达到小至几微米的小轴、孔、缝,大到几米的超大型模具和工件。

**1. 电火花加工特点**

1）电火花加工的优点

（1）适合难切削材料的加工。在电火花加工过程中，主要是靠电、热能进行加工，几乎与力学性能（硬度、强度等）无关，实现了用软质的材料加工硬质的材料。

（2）可以加工特殊及复杂形状的零件。由于加工中工具电极与工件不直接接触，没有机械切削力，机械变形小，因此电火花加工适宜低刚度工件的加工和微细加工。由于可以简单地将工具电极的形状复制到工件上，因此电火花加工特别适用于加工复杂表面形状工件，如加工复杂型腔模具，以及加工细长、薄、脆性零件等。

（3）易于实现加工过程自动化。直接利用电能进行加工，便于实现加工过程的自动化，并可减少机械加工工序，加工周期短，劳动强度低，使用维护方便。

2）电火花加工的局限性

（1）主要用来加工金属等导电材料，但在一定条件下也可加工半导体和陶瓷等非导电材料。

（2）加工速度一般较慢。因此通常多采用切削方法以去除大部分余量，然后再进行电火花加工，以提高生产率。

（3）加工精度受到电极损耗的限制。加工过程中，工具电极同样会受到电、热的作用而被蚀除，特别是在尖角和底面部分蚀除量较大，这就又造成了电极损耗不均匀的现象，所以电火花加工的精度受到限制。

（4）角部半径有限制。一般电火花加工能得到的最小角部半径略大于加工放电间隙（通常为 0.02～0.03 mm），若电极有损耗或采用平动头加工，则角部半径还要增大。

**2. 电火花加工工艺分类**

按工具电极和工件相对运动的方式和加工用途不同，电火花加工大致可分为电火花穿孔成形加工、电火花线切割、电火花磨削和镗磨、电火花同步共轭回转加工、电火花高速小孔加工、电火花表面强化与刻字六大类。前五类属于电火花成形和尺寸加工，是用以改变零件形状或尺寸的加工方法；最后一类则属于表面加工方法，用于改善或改变工件表面性质。以上方法中以电火花穿孔成形加工和电火花线切割应用最为广泛。

## 7.2.3　电火花加工的工艺及应用

**1. 电火花穿孔成形加工**

电火花穿孔成形加工是利用火花放电腐蚀金属的原理，用工具电极对工件进行复制加工的工艺方法，按其应用又分为：冲模（包括凸凹模及卸料板、固定板、粉末冶金模）、挤压模（型孔）、型孔零件、小孔（$\phi0.01～\phi3$ mm 小圆孔和异形孔）、深孔等。下面以冲模的电火花加工为例，说明电火花穿孔成形加工。

冲模是生产上应用较多的一种模具，其形状复杂且对尺寸精度要求高，制造难度较大。特别是凹模，应用一般的机械加工比较困难，而采用电火花加工能较好地解决问题。冲模配合间隙是一个在加工中必须给予保证的质量指标，它的大小与均匀性都直接影响冲模的质量及模具的寿命。达到配合间隙的方法有很多种，电火花穿孔成形加工常用"钢打钢"直接配合法。此法是用钢凸模作为电极直接加工凹模，加工时将凹模刃口端朝下形成向上的"喇叭口"，如图 7-3 所示，$L_1$ 和 $L_2$ 分别为电极和凹模尺寸，$S_L$ 为单面火花间隙。

加工后将工件翻过来使"喇叭口"（有利于冲模落料）向下作为凹模，电极也倒过来把损耗

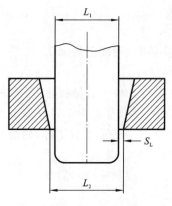

图 7-3　凹模的电火花加工

部分切除或用低熔点合金浇固作为凸模。这样,电火花加工后的凹模就可以不经任何修正而直接与凸模配合。这种方法可以获得均匀的配合间隙,具有模具质量高、电极制造方便及钳工工作量少等优点。

**2. 电火花线切割加工**

电火花线切割加工是在电火花穿孔成形加工的基础上于20 世纪 50 年代末在苏联发展起来的一种工艺形式,因用线状电极(铜丝或钼丝)靠火花放电对工件进行切割,故称为电火花线切割,简称线切割。目前国内外的线切割机床已占电加工机床的 70%以上。

电火花线切割加工的基本原理是利用移动的细金属导线(铜丝或钼丝)作电极,对工件进行脉冲火花放电、切割成形。根据电极丝的运行速度,电火花线切割机床通常分为两大类:一类是高速走丝电火花线切割机床(WEDM-HS),这类机床的电极丝作高速往复运动,一般走丝速度为 8～10 m/s,这是我国独创的电火花线切割加工模式;另一类是低速走丝电火花线切割机床(WEDM-LS),这类机床的电极丝作低速单向运动,一般走丝速度低于 0.2 m/s,加工精度高。图 7-4(a)(b)为高速走丝电火花线切割工艺及装置的示意图。利用细钼丝 4 作工具电极进行切割,储丝筒 7 使细钼丝作正反向交替移动,加工能源由脉冲电源 3 供给,在电极丝和工件之间浇注工作液介质,沿两个坐标方向作伺服进给移动,从而合成各种曲线轨迹,将工件切割成形。

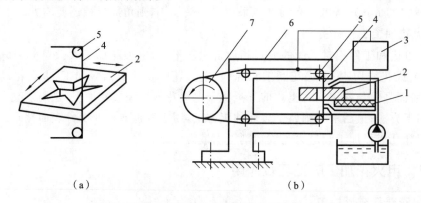

(a)　　　　　　　　　　　　(b)

图 7-4　高速走丝电火花线切割工艺及装置示意图

1—绝缘底板;2—工件;3—脉冲电源;4—细钼丝;5—导向轮;6—支架;7—储丝筒

1) 电火花线切割加工特点

电火花线切割除了具有电火花加工的共性特点外,还具有一些不同特点,主要表现在以下方面。

(1) 由于电极工具是直径较小的细丝,因此脉冲宽度、平均电流等不能太大,加工工艺参数的范围较小,属中、精正极性电火花加工,工件常接电源正极。

(2) 采用水或水基工作液,不会引燃起火,容易实现安全无人运转,但由于工作液的电阻率远比煤油小,因此在开路状态下,仍有明显的电解电流。

(3) 一般没有稳定电弧放电状态。由于电极丝与工件始终存在相对运动,因此,线切割加工的间隙状态可以认为由正常火花放电、开路和短路这三种状态组成。

（4）电极与工件之间存在着疏松接触式轻压放电现象。在电极丝和工件之间存在着绝缘薄膜介质，当两者的移动、接触、摩擦使这种介质变薄到可被击穿的程度时，才发生火花放电。

（5）节省了成形的工具电极，大大降低了成形工具电极的设计和制造费用及周期。

（6）电极丝在加工中是不断移动的，往复（高速）或一次（低速）使用，单位长度电极丝的损耗对加工精度的影响很小甚至不必考虑。

　2）电火花线切割加工的应用

电火花线切割适用于各种形状的冲模，如凸模、凸模定板、凹模及卸料板等。此外，还可加工挤压模、粉末冶金模、弯曲模、塑压模等，也可加工带锥度的模具。图 7-5 所示为电火花线切割加工的无轨电车抓手模具。

图 7-5　无轨电车抓手模具

# 7.3　电化学加工

电化学加工（electrochemical machining，ECM）是指通过电化学反应从工件上去除或在工件上镀覆金属材料的特种加工方法。早在 1834 年，法拉第就发现了电化学作用原理，之后人们先后开发出电镀、电铸、电解加工等电化学加工方法。近十几年来，借助于高新技术，在精密电铸、电解复合加工、脉冲电流电解加工、电化学微细加工及数控电解加工等方面取得较快发展。目前，电化学加工已成为一种不可缺少的去除或镀覆金属材料及进行微细加工的重要方法，并被广泛应用于兵器、汽车、医疗器材、电子和模具行业之中。

## 7.3.1　电化学加工的原理和过程

利用电化学反应原理对金属进行加工的方法即电化学加工。这里主要介绍电化学加工的原理和电化学加工过程的影响因素。

### 1. 电化学加工原理

如图 7-6 所示，用两片金属作为电极浸入电解液中，接通直流电源后，电极、导线和电解液中就有电流通过。但金属导线和电解质溶液是两类不同性质的导体，前者是靠自由电子在外电场作用下沿一定方向移动而导电的，是电子导体；而后者是靠溶液中正负离子的定向移动而导电的，是离子导体。

当上述两类导体构成通路时，在金属片（电极）和溶液的界面上产生交换电子的反应，即电化学反应。溶液中的离子便作定向移动，正离子移向阴极并在阴极上得到电子进行还原反应；负离子移向阳极并在阳极表面失掉电子进行氧化反应（也

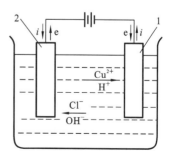

图 7-6　电解溶液中的电化学反应
1—阴极；2—阳极

可能是阳极金属原子失去电子而成为正离子进入溶液）。图 7-6 中阳极上发生电解蚀除，阴极上发生电镀沉积。

**2. 电化学加工过程的影响因素**

与电化学反应密切相关的概念有电解质溶液、电极电位、电极的极化、金属的钝化和活化等。

1）电解质溶液

凡溶于水后能导电的物质叫电解质，如盐酸（HCl）、硫酸（$H_2SO_4$）、氢氧化钠（NaOH）、氢氧化铵（$NH_4OH$）、氯化钠（NaCl）、硝酸钠（$NaNO_3$）、氯酸钠（$NaClO_3$）等酸、碱、盐都是电解质。电解质的水溶液称为电解质溶液（简称电解液）。电解液浓度是指电解液中所含电解质的多少，一般以质量百分数（符号%）表示，即每 100 g 溶液中所含溶质的克数，还常用物质的量浓度表示，即一升溶液中的电解质的摩尔数。

电解质溶液之所以能导电与电解质在水中的状态有关。如 NaCl 在水中能 100%电离，称为强电解质。强酸、强碱和大多数盐都是强电解质，它们在水中都能完全电离。弱电解质如氨（$NH_3$）、醋酸（$CH_3COOH$）等在水中仅小部分电离成离子，大部分仍以分子状态存在。水也是弱电解质，它本身也能微弱离解成正的氢离子和负的氢氧根离子，故导电能力都很弱。

金属是电子导体，导电能力强，电阻很小，随着温度的升高，其导电能力减弱。而电解质溶液是离子导体，其导电能力要比金属导体弱得多，电阻较大。随着电解质溶液温度的升高，其导电能力增强，在一定限度内，随着浓度增加，其导电能力也增强。但当浓度过高时，由于正、负离子间的相互作用力增强，其导电能力将有所下降。

2）电极电位

由于金属原子都是由外层带负电荷的自由电子和带正电荷的金属阳离子所组成的，即使不接外接电源，当金属与它的盐溶液接触时，也常会发生电子得失的反应。例如，当铁与 $FeCl_2$ 水溶液接触时，由于铁离子在水中具有的能级比其在溶液中成为水化离子的能级高，且不稳定，因此晶体界面上的铁离子就有与水分子作用生成水化铁离子进入溶液中的倾向，电子则留在金属表面上，即 $Fe \rightarrow Fe^{2+} + 2e^-$（溶解，氧化反应）。这样金属上有了多余的电子而带负电，溶液中靠近金属表面很薄的一层有多余的铁离子（$Fe^{2+}$）而带正电。随着由金属晶体进入溶液的 $Fe^{2+}$ 数目增加，金属上负电荷增加，溶液中正电荷增加，由于静电引力作用，铁离子的溶解速度逐渐减慢。同时，溶液中的 $Fe^{2+}$ 亦有沉积到金属表面上去的趋向，即 $Fe^{2+} + 2e^- \rightarrow Fe$（沉积，还原反应）。随着金属表面负电荷增多，溶液中 $Fe^{2+}$ 返回金属表面的速度逐渐增加，最后这两种相反的过程达到动态平衡。

对于化学性能比较活泼的金属（如铁），其表面带负电，溶液带正电，形成一层极薄的双电层，如图 7-7（a）所示，金属愈活泼，这种倾向愈大。若金属离子在金属上的能级比在溶液中的低，即金属离子存在于金属晶体中比在溶液中更稳定，例如，把铜（Cu）放在 $CuSO_4$ 溶液中，则铜表面带正电，靠近金属铜表面的溶液薄层带负电，也形成了双电层，如图 7-7（b）所示，金属愈不活泼，这种倾向也愈大。

在给定溶液中建立起来的双电层，除了受静电作用外，由于离子的热运动，其构造并不像电容器那样生成紧密的双带电层，而是使双电层的离子层获得了分散的构造，只有在界面上极薄的一层，具有较大的电位差，由于双电层的存在，在正、负电层之间，也就是金属和

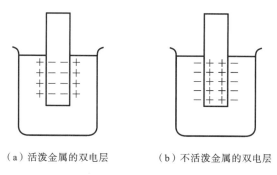

（a）活泼金属的双电层　　　　（b）不活泼金属的双电层

**图 7-7　金属双电层结构及分布**

电解液之间形成电位差。金属和其盐溶液之间所产生的电位差称为金属的电极电位，或平衡电极电位。

3）电极的极化

上述平衡电极电位发生在电极中没有电流通过的时候。当有电流通过时，电极的平衡状态遭到破坏，使阳极电位正向移动（代数值增大）、阴极电位负向移动（代数值减小）。这种现象称电极极化，极化后的电极电位与平衡电位的差值称为超电位。

4）金属的钝化和活化

电化学反应过程中，阳极表面形成了一层紧密的极薄的覆盖层或氧的吸附层，使电流通过困难，引起阳极电位正移，反应减慢，称之为钝化现象。由于钝化主要是产生在阳极表面上，因此在利用阳极溶解原理的电化学加工过程中，若阳极溶解过程缓慢，则会影响生产率。

使金属钝化膜破坏的过程称为活化。活化方法很多，例如将电解液加热，通入还原性气体或某些活性离子，采用机械办法破坏钝化膜等。

### 7.3.2　电化学加工的特点及类型

**1. 电化学加工的特点**

与其他传统加工方法相比，电化学加工具有如下特点。

（1）可对任何硬度、强度、韧性的金属材料，尤其是难加工材料进行加工。

（2）可加工各种具有复杂曲面、复杂型腔和复杂型孔等典型结构的零件，特别适合加工易变形的薄壁零件。

（3）加工过程中不存在机械切削力和切削热作用，故加工后表面无残余应力、冷硬层，亦无毛刺或棱角，表面质量好。

（4）加工可以在大面积上同时进行，也无须粗精分开，故一般具有较高的生产率。

（5）电化学加工在很多方面还有待进一步的发展和提高，如加工过程监测与自动控制、工具设计、加工精度的提高，以及电化学作用产物（气体或废液）的处理等。

**2. 电化学加工的分类**

电化学加工按其作用原理和主要加工作用的不同，可分为三大类。第一类是利用电化学阳极溶解进行加工，包括电解加工和电解抛光；第二类是利用电化学阴极沉积、涂覆进行加工，包括电镀和电铸等；第三类是利用电化学加工与其他加工方法相结合的电化学复合加工工艺进行加工，包括电解磨削、电解放电加工等。具体分类见表 7-2。

表 7-2　电化学加工的分类

| 类　别 | 加工方法 | 加工原理 | 主要加工作用 |
|---|---|---|---|
| I | 电解加工 | 电化学阳极溶解 | 从工件(阳极)去除材料,用于形状、尺寸加工 |
| | 电解抛光 | | 从工件(阳极)去除材料,用于表面加工、去毛刺 |
| II | 电铸成形 | 电化学阴极沉积、涂覆 | 芯模(阴极)沉积面增材成形,用于制造复杂形状的电极,复制精密、复杂的花纹模具 |
| | 电镀 | | 工件(阴极)表面沉积材料,用于表面加工、装饰 |
| | 电刷镀 | | 工件(阴极)表面沉积材料,用于表面加工及尺寸修复 |
| | 复合电镀 | | 工件(阴极)表面沉积材料,用于表面加工及模具制造 |
| III | 电解磨削 | 电解与机械磨削的复合作用 | 工件(阳极)去除材料或表面光整加工,用于尺寸、形状加工、超精、光整加工、镜面加工 |
| | 电化学-机械复合研磨 | 电解与机械研磨的复合作用 | 对工件(阳极)表面进行光整加工 |
| | 超声电解 | 电解与超声加工的复合作用 | 改善电解加工过程以提高加工精度和表面质量,对于小间隙加工复合作用更突出 |
| | 电解-电火花复合加工 | 电解液中电解去除与放电蚀除的复合作用 | 力求实现高效率、高精度的加工目标 |

## 7.3.3　电化学加工的工艺及应用

下面对上述三类电化学加工技术进行介绍,主要包括基于阳极溶解原理的电解加工和电解抛光、基于阴极沉积原理的电铸和电镀加工,以及基于复合加工原理的电解磨削加工。

### 1. 电解加工

1) 电解加工原理

电解加工是利用金属在电解液中的电化学阳极溶解来将工件成形的。如图 7-8 所示,在工件(阳极)与工具(阴极)之间接上直流电源,使工具阴极与工件阳极间保持较小的加工间隙(数毫米之内),间隙中通过高速流动的电解液。这时,工件阳极开始溶解。开始时,两极之间的间隙大小不等,间隙小处电流密度大,阳极金属去除速度快;而间隙大处电流密度小,阳极金属去除速度慢(见图 7-9(a))。随着工件表面金属材料的不断溶解,工具阴极不断地向工件进给,溶解的电解产物不断地被电解液冲走,工件表面也就逐渐被加工成接近于工具电极的形状,如此下去直至将工具的形状复制到工件上(见图 7-9(b))。

电解加工间隙、电解液种类、电解液流向是影响电解加工的主要因素。

(1) 电解加工间隙。

电解加工属于非接触加工工艺,加工过程中,工具阴极与工件阳极之间存在着供电解液流动、进行电化学反应、排除电解产物的间距,这一间距称为加工间隙。加工间隙与电解液构成了电解加工的核心工艺因素,决定着电解加工的加工精度、生产率、表面质量,也是阴极设计及工艺参数选择的首要基本依据。

电解加工中应保证间隙适中、均匀和稳定。实际加工中电极间隙越小,电解液的电阻也越小,电流密度就越大,故蚀除速度就越高。因此,为了提高蚀除速率,必须减小加工间隙,为此,

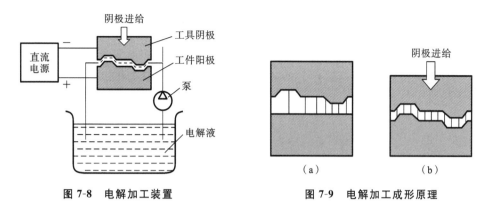

图 7-8　电解加工装置　　　　　图 7-9　电解加工成形原理

应相应地提高电解液的压力和流速,并对工具阴极型面流场的均匀性、机床的刚性、过滤的精度提出更高的要求。

（2）电解液种类。

电解液的主要作用包括:① 作为导电介质传递电流;② 在电场的作用下进行化学反应,使阳极溶解能顺利而有效地进行;③ 及时把加工间隙内产生的电解产物和热量带走,更新和冷却加工环境。电解液可分为中性盐溶液、酸性盐溶液和碱性盐溶液三大类,其中中性盐溶液的腐蚀性较小,使用时较为安全,故应用最广。常用的中性盐电解液有 NaCl 溶液、$NaNO_3$ 溶液、$NaClO_3$ 溶液三种。

（3）电解液流向。

电解液的流向一般有如图 7-10 所示的三种情况,依次为正向流动、反向流动和横向流动。正向流动是指电解液从阴极工具中心流入,经加工间隙后,从四周流出。它的优点是密封装置较简单;缺点是加工型孔时,电解液流经侧面间隙时已含有大量氢气及氢氧化物,加工精度较低和表面粗糙度数值较大。反向流动是指新鲜电解液先从型孔周边流入,而后经电极工具中心流出。它的优缺点与正向流动的恰好相反。横向流动是指电解液从侧面流入、从另一侧面流出,一般用于发动机、汽轮机叶片的加工,以及一些较浅的型腔模的修复加工。

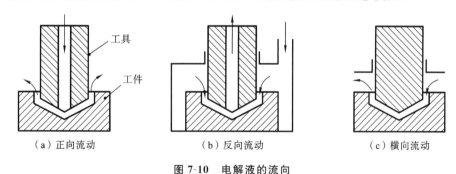

（a）正向流动　　　　　（b）反向流动　　　　　（c）横向流动

图 7-10　电解液的流向

2）电解加工的特点

电解加工与其他加工方法相比较,具有下列优点。

（1）能加工各种硬度和强度的材料。只要是金属,不管其硬度和强度多大,都可加工。

（2）生产率高,约为电火花加工的 5～10 倍,在某些情况下,比切削加工的生产率还高,且加工生产率不直接受加工精度和表面粗糙度的限制。

（3）表面质量好,电解加工不产生残余应力和变质层,且没有飞边、刀痕和毛刺。

（4）阴极工具理论上无损耗，基本可长期使用。

电解加工的缺点：

（1）电解加工影响因素多，技术难度高，不易实现稳定加工和保证较高的加工精度；

（2）工具电极的设计、制造和修正较麻烦，因而很难适用于单件生产；

（3）电解加工设备投资较高，占地面积较大；

（4）电解液对设备、工装有腐蚀作用，电解产物处理不好易造成环境污染。

3）电解加工的应用

随着电解加工的机床、电源、电解液、自动控制系统、工具阴极的设计制造水平及加工工艺等的不断进步和发展，电解加工的应用范围也随之不断地扩大。电解加工可以加工复杂成形模具和零件，例如汽车、拖拉机连杆等各种型腔锻模，航空、航天发动机的扭曲叶片等。电解加工在深孔扩孔加工、型孔加工、锻模（型腔）加工、叶片（型面）加工、倒棱去毛刺、电解刻印等方面有着广泛的应用。

（1）深孔扩孔加工。

电解深孔扩孔加工，按工具阴极的运动方式可分为固定式和移动式。固定式电解加工工件与阴极工具之间无相对运动，如图7-11所示，其特点是设备简单、生产率高、操作方便、便于实现自动化，但所需电源功率较大，在进出口处由于温度及电解产物含量等不相同，易引起加工表面粗糙度和加工精度不均匀。因此，固定式电解深孔扩孔加工仅适于加工孔径较小、深度不大的工件，如花键孔、花键槽等。移动式电解加工是工件固定在机床上，加工时工具阴极在工件内孔作轴向移动，主要用于深孔，特别是细长孔加工。它的特点是阴极较短，精度要求较低，制造简单，不受电源功率的限制。

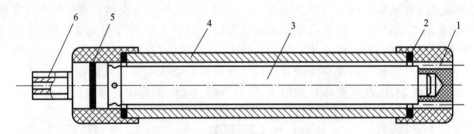

**图7-11　固定式阴极扩孔原理图**

1—电解液出口；2—密封垫；3—工具阴极；4—工件；5—绝缘定位套；6—电解液入口

（2）型孔加工。

对一些形状复杂、尺寸较小的四方、六方、椭圆、半圆等形状的通孔和盲孔，机械加工很困难，如果采用电解加工，则可大大提高生产效率和生产质量。为了避免锥度，阴极侧面必须绝缘。为了提高加工速度，可适当增加端面工作面积，增加阴极内圆锥面的高度及工作端、侧成形环面的宽度，并保证出水孔的截面积大于加工间隙的截面积。图7-12所示为端面进给式型孔加工示意图，采用了阴极内圆锥面（高1.5～3.5 mm）增加加工面积以提高加工速度。

（3）型腔加工。

型腔模常采用电火花加工，但对于消耗量较大、精度要求不高的场合，如矿山机械、农机、拖拉机等所需的锻模已逐渐采用电解加工。型腔模的成形表面比较复杂，对电解液的选择及阴极设计要求均比较高。目前电解加工采用的主要方法有：非线性电解液反向流动加工；线性电解液低压混气加工；非线性电解液高压混气加工；脉冲电流振动进给加工等。为保证流场均匀，在某些特殊部位应加开增液孔槽或加开增液孔，如图7-13所示。

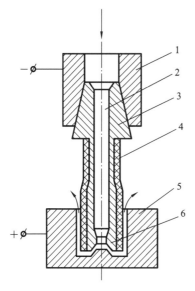

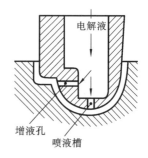

图 7-12　端面进给式型孔加工示意图

1—机床主轴套；2—进水孔；3—阴极主体；
4—绝缘体；5—工件；6—工作端面

图 7-13　增液孔的设置

（4）叶片加工。

叶片是涡轮发动机、增压器、汽轮机中的重要零件，叶身型面形状较复杂、要求精度高，加工批量大，机械加工困难。采用电解加工，直接在轮坯上加工出叶身型面，如图 7-14 所示，叶轮上的叶片逐个采用套料法加工，一个完成后退出阴极，分度后加工下一个。这样，加工周期大大缩短，生产效率高，表面粗糙度数值小，叶轮强度高、质量好。

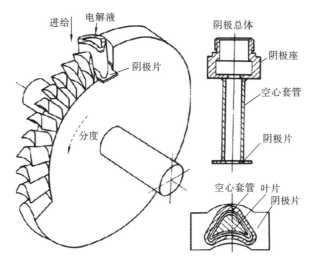

图 7-14　套料法加工整体叶轮

（5）电解倒棱去毛刺。

机械加工中去除毛刺的工作量很大，尤其是去除硬而韧的金属毛刺，费时费力。电解倒棱去毛刺不仅能减轻劳动强度，快速高效，而且可对传统加工方法难以或无法加工的部位进行处理。图 7-15 所示为齿轮端面电解倒棱去毛刺的示意图，工件与阴极工具通过绝缘柱连接，保持 3～5 mm 距离,使电解液通过,在 20 V 电压下 1 min 即可完成加工。

（6）电解刻印。

电解刻印是利用电解作用在金属表面上刻印文字和图案的电解加工。如图 7-16 所示,在工具电极上预先制作所需的文字或图案,与工件相对放置,两者间保持狭小的间隙 $d$（约 0.05 mm）,间隙中通以电解液。接通电压为 5～12 V 的直流电源,通电 0.5～2 s 后,在工件表面上便产生阳极溶解而获得所需要的文字或图案的标记。在圆柱形工件表面上刻印时,可使工件在工具电极表面上滚动。电解刻印常用于各种刀具、量具、轴承、医疗器械、金属餐具和装饰品等金属制品和零件的加工。

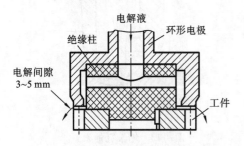

图 7-15　齿轮端面电解倒棱去毛刺示意图

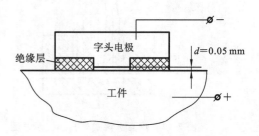

图 7-16　电解刻印示意图

### 2. 电解抛光

#### 1）电解抛光原理

电解抛光利用金属在电解液中的电化学阳极溶解对工件表面进行腐蚀抛光,是一种表面光整加工方法,用于改善工件（模具）的表面粗糙度和表面物理、力学性能,而不用于对工件进行形状和尺寸加工,不需要成形电极。电解抛光和电解加工的主要区别是前者工件和工具之间的加工间隙大（40～100 mm）。电解液一般不流动,必要时加以搅拌,这样有利于表面的均匀溶解。电流密度也比较小,容易在阳极形成钝化膜,所以只能对工件表面进行普遍腐蚀抛光,不影响尺寸。

#### 2）电解抛光的应用

电解抛光可增加不锈钢的耐腐蚀性,减小电气接触点的电阻,提高照明灯具的反光性能,提高各种量具的精度,美化金属日用品和工艺品等,适用于钢铁、铝、铜、镍及各种合金的抛光。

### 3. 电镀加工

电镀是一种用电化学方法在镀件表面上沉积所需形态的金属覆层工艺。

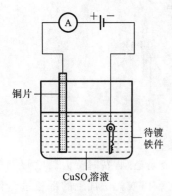

图 7-17　镀铜加工原理图

#### 1）电镀加工原理

电镀加工是借助外界直流电的作用,在含有预镀金属的盐类溶液中,以镀层金属或其他不溶性材料作阳极（如金属或石墨板）,以被镀工件作阴极（含金属和非金属）,利用电解的原理,使镀液中预镀金属的阳离子在待镀工件表面被还原,并沉积到工件表面形成具有稳定性能的镀层的一种表面加工方法。图 7-17 所示为镀铜加工原理图,将待镀零件（如铁件）浸在金属铜盐溶液（如 $CuSO_4$ 溶液）中作为阴极,以电解铜片作为阳极,接通直流电源后,电解液中的金属铜离子被还原为铜并沉积到零件表面,实现待镀铁件的镀铜工艺。

2）镀层的特点

镀层一般都较薄,厚度从几微米到几十微米不等。镀层大多是单一金属或合金,如钛、锌、镉、金、银、镍、锡或黄铜、青铜、三元合金等;也有弥散层,如镍-碳化硅、镍-氟化石墨等;还有覆合层,如钢上的铜-镍铬层、钢上的银-铟层等。电镀的基体材料除铁基的铸铁、钢和不锈钢外,还有非铁金属,如 ABS 塑料(丙烯腈(A)、丁二烯(B)、苯乙烯(S)三种单体的三元共聚物)、聚丙烯、聚砜塑料等,但塑料在电镀前,必须经过特殊的活化和敏化处理。

镀层的性能不同于工件基体材料,具有新的特征。根据功能镀层分为防护性镀层、装饰性镀层及其他功能性镀层。不论是单金属镀层还是合金镀层,其主要作用都包括增强金属的抗腐蚀性(镀层金属多采用耐腐蚀的金属),增加硬度,防止磨耗,改变导电性能,提高光滑性、耐热性和表面美观性等。但电镀容易产生大量的工业废水。镀铜、镀镍、镀金和镀钯镍的主要作用和特点如下。

（1）镀铜:打底用,增强电镀层附着能力及抗腐蚀能力。

（2）镀镍:打底用,增强抗腐蚀能力,第四套人民币一元硬币为钢芯镀镍,见图 7-18。

（3）镀金:改善导电接触阻抗,增强信号传输。

（4）镀钯镍:改善导电接触阻抗,增强信号传输,耐磨性比金更好。

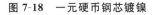

图 7-18　一元硬币钢芯镀镍

3）电镀加工的应用

ABS 电镀就是在塑料件上电镀金属镀层,比较常见的是铜-镍-铬(Cu-Ni-Cr)镀层,属于非金属零件的电镀处理。图 7-19(a)所示为 ABS 电镀流程,首先将 ABS 中的 B(丁二烯)以化学方式腐蚀掉,使产品表面呈现一些疏松的细孔,再利用化学镀附着一层导体,如镍层,使其能够导电,随后进行电镀。因此,ABS 电镀是化学镀与电镀的结合。ABS 电镀工艺在汽车制造中有广泛的应用,如图 7-19(b)所示的汽车 ABS 电镀拉手。

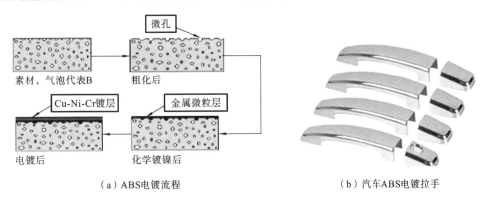

（a）ABS电镀流程　　　　　　　　　　　　（b）汽车ABS电镀拉手

图 7-19　ABS 电镀流程及实例

**4. 电铸加工**

电铸加工是利用金属的电解沉积原理来精确复制某些复杂或特殊形状工件的特种加工方法,是电镀的特殊应用。

1）电铸加工原理

电铸加工原理如图 7-20 所示,预先按所需形状制成母模并将其作为阴极,用电铸材料作为阳极,一同放入与阳极材料相同的金属盐溶液中,通以直流电。电镀液中的金属正离子在电场的作用下,镀覆到阴极母模上去,母模表面逐渐沉积出金属电铸层,达到所需的厚度后从溶液中取出,将电铸层与母模分离,便获得与母模形状相对应的金属复制件。

母模是电铸加工中很重要的部分,金属母模需要经钝化处理生成钝化膜或镀上脱模层,便于加工后的脱模,非金属母模需要进行导电化处理。

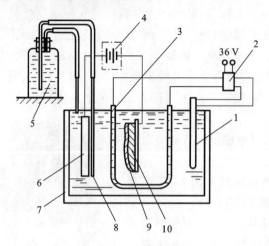

**图 7-20　电铸加工原理**

1—温度计;2—恒温装置;3—加热管;4—直流电源;5—蒸馏水瓶;6—阳极;7—镀槽;8—玻璃管;9—电铸层;10—阴极

2) 电铸加工的特点

(1) 复制精度高,可以做出机械加工不可能加工出的细微形状(如微细花纹、复杂形状等),表面粗糙度 $Ra$ 可达 $0.1~\mu m$,一般不需抛光即可使用。

(2) 母模材料不限于金属,有时还可用制品零件直接作为母模。

(3) 表面硬度可达 $35\sim50$ HRC,所以电铸型腔使用寿命长。

(4) 电铸可获得高纯度的金属制品,如电铸铜纯度高,具有良好的导电性能,有利于电加工。

(5) 电铸时,金属沉积速度缓慢,制造周期长。

(6) 电铸层厚度不易均匀,且厚度有限,一般为数毫米以内。电铸层一般都具有较大的应力,所以大型电铸件变形显著,且不易承受大的冲击载荷。

电铸与电镀同属于电沉积技术,主要区别在于电镀是研究在工件上镀覆防护装饰与功能性金属镀层的工艺,要求镀层和产品良好附着;而电铸是研究电沉积拷贝、拷贝与母模的分离方法、厚层金属与合金层的使用性能与结构的工艺,要求镀层和模具易分离。电镀层厚度较小,一般为 $0.01\sim0.05$ mm,而电铸层厚度相对较大,为 $0.05$ mm 至数毫米。

3) 电铸加工的应用

电铸加工具有极高的复制精度和良好的机械性能,已在航空、仪器仪表、精密机械、模具制造、电子产品等领域发挥日益重要的作用,通常用于精确复制微细、复杂和某些难以用其他方法加工的特殊形状的工件,如制造型腔模、电火花加工用电极和精密电铸端面复杂的异形孔等。

(1) 复杂形状结构件的电铸加工。

图 7-21 所示为复杂形状压缩机转子结构件的电铸加工典型工艺过程,首先采用多轴数控

机床加工出一个用于电铸的铝材压缩机转子原模;其次将该原模放入电铸槽中进行电沉积,在铝原模上沉积一层具有较大厚度的铜;最后将熔点较低的铝(660 ℃)熔融,并对铜结构件进行必要的后处理。

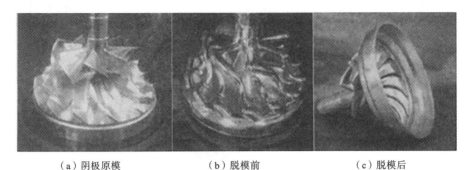

（a）阴极原模　　　　　　　（b）脱模前　　　　　　　（c）脱模后

**图 7-21　复杂形状压缩机转子结构件的电铸加工**

（2）精密微细喷嘴的电铸加工。

对于表面质量和尺寸精度要求很高的精密异形小孔,用除去材料的方法加工是很困难的,而采用精密电铸的方法比较容易。图 7-22 所示为精密微细喷嘴内孔的电铸加工过程,首先车削加工精密黄铜金属型芯,再利用电沉积技术在型芯表面镀铬,进而在铬层外电铸一定厚度的金属镍,最后使用硝酸类活性溶液溶解黄铜型芯,由于硝酸类溶液不侵蚀铬,因此可以得到内表面光洁镀铬的精密微细喷嘴。

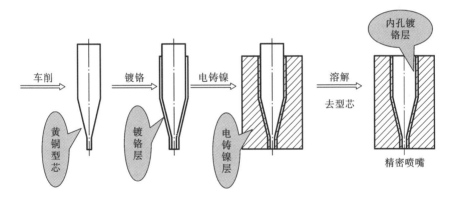

**图 7-22　精密微细喷嘴内孔的电铸加工过程**

（3）筛网的电铸加工。

电铸是制造各种筛网、滤网最有效的方法,因为它无须使用专用设备就可获得各种形状的孔眼,孔眼的尺寸大至数十毫米,小至几微米,其中典型的就是电铸电动剃须刀的网罩。电动剃须刀网罩的网孔外侧边缘倒圆,从而保证网罩在脸上能平滑移动,并使胡须容易进入网孔,而网孔内侧边缘锋利,使旋转刀片很容易切断胡须。网罩的加工过程是首先在铜或铝板上涂布感光胶,再将照相底版与它紧贴,进行曝光、显影、定影后即获得带有规定图形绝缘层的原模,对原模进行化学处理,以获得钝化层,使电铸后的网罩容易与原模分离,将原模弯成所需形状,进行镍电铸,一般控制镍层的硬度为 HV500～550,硬度过高则容易发脆,最后脱模。图 7-23(a)所示为电动剃须刀网罩电铸的工艺过程,图 7-23(b)所示为电铸形成的网罩实物图。

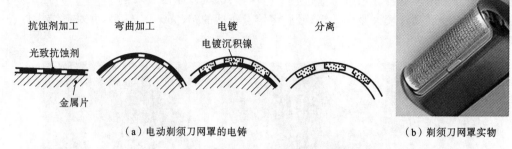

抗蚀剂加工　　弯曲加工　　　电镀　　　　分离
光致抗蚀剂　　　　　　　　电镀沉积镍
金属片
（a）电动剃须刀网罩的电铸　　　　　　（b）剃须刀网罩实物

**图 7-23　电动剃须刀网罩的电铸加工过程及实例**

### 5. 电解磨削加工

电解磨削是由电解作用（占 95%～98%）和机械磨削作用（占 2%～5%）相结合的特种加工技术，又称电化学磨削，英文简称 ECG。电解磨削是 20 世纪 50 年代初美国人研究发明的，工件作为阳极与直流电源的正极相连，导电磨轮作为阴极与直流电源的负极相连，电解磨削比电解加工的加工精度高，表面粗糙度数值小，比机械磨削的生产效率高。电解磨削广泛应用于平面磨削、成形磨削和内外圆磨削。

#### 1）电解磨削原理

图 7-24 所示为电解磨削加工原理，图中 5 为磨轮（砂轮），10 为磨料，11 为导电砂轮的结合剂（铜或石墨），3 为被加工工件，12 为电解间隙（含电解产物），间隙被电解液 13 充满。加工过程中，磨轮不断旋转，磨轮上凸出的磨料磨粒与工件接触，非导电性磨粒使工件表面与磨轮导电基体之间形成一定的电解间隙（0.02～0.05 mm）。电流通过电解液由工件流向磨轮，形成通路，于是工件（阳极）表面材料在电流与电解液的作用下发生电解作用（电化学腐蚀），被氧化成一层极薄的氧化物或氢氧化物薄膜，一般称它为阳极薄膜。磨轮在旋转中，将工件表面由电化学反应生成的阳极薄膜除去，使新的工件表面露出，继续产生电解作用。这样，电解作用和刮除薄膜的切削作用交替进行，使工件连续地被加工，直至达到一定的尺寸精度和表面粗糙度。

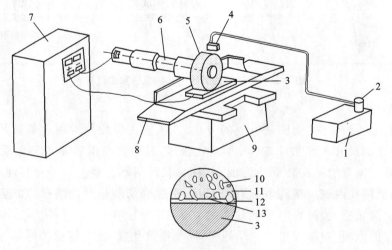

**图 7-24　电解磨削加工原理**

1—电解液箱；2—电解液泵；3—工件；4—电解液喷嘴；5—磨轮；6—绝缘主轴；7—直流电源；
8—工作台；9—机床主体；10—磨料；11—结合剂；12—电解间隙；13—电解液

2)电解磨削的特点

(1)磨削力小,生产效率高。这是因为电解磨削具有电解加工和机械磨削加工的优点。

(2)加工精度高,表面加工质量好。因为电解磨削加工中,一方面工件尺寸或形状是靠磨轮刮除钝化膜得到的,故能获得比电解加工好的加工精度;另一方面,材料的去除主要靠电解加工,加工中产生的磨削力较小,不会产生磨削毛刺、裂纹等现象,故加工工件的表面质量好。

(3)设备投资较高。其原因是电解磨削机床需配备电解液过滤装置、抽风装置、防腐处理设备等。

3)电解磨削的应用

(1)电解磨削车刀。

图7-25所示为电解磨削车刀的加工示意图。导电砂轮1与直流电源的负极相连,被加工工件2(硬质合金车刀)接正极,它在一定压力下与导电砂轮相接触。加工区域中送入电解液3,在电解与机械磨削的双重作用下,车刀的后刀面很快就被磨光。

(2)电解成形磨削。

图7-26所示为电解成形磨削示意图,将导电磨轮的外圆圆周按需要的形状进行预先成形,然后进行电解磨削。

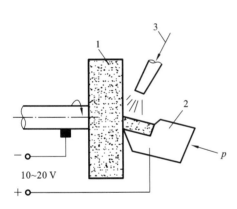

图7-25  电解磨削车刀的加工示意图
1—导电砂轮;2—工件;3—电解液

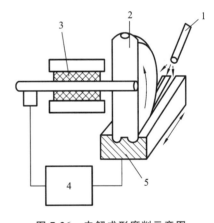

图7-26  电解成形磨削示意图
1—喷嘴;2—磨轮;3—绝缘层;4—加工电源;5—工件

# 7.4  离子束加工

离子束技术的应用涉及物理、化学、生物、材料和信息等许多学科的交叉领域,离子束加工在许多精密、关键、高附加值的加工模具等机械零件的生产中得到了广泛应用。许多国家已将它用于军事装备的建设上,如改善涡轮机主轴承、精密轴承、齿轮、冷冻机阀门和活塞的性能。

## 7.4.1  离子束加工的概念及原理

离子束加工是在真空条件下,将离子源产生的离子束经过加速聚焦,使之具有高的动能,轰击工件表面,利用离子的微观机械撞击实现对材料的加工。离子束加工的物理基础是离子束射到材料表面时所发生的撞击效应、溅射效应和注入效应,其物理过程可以理解为将被加速的离子聚焦成细束,射到被加工表面上,被加工表面受轰击后,打出原子或分子,实现分子级去除加工。

当入射离子的能量在 2 万～5 万 eV 时，溅射率达到饱和；当入射能量小于 2 万 eV 时，离子与表面原子、分子以直接弹性碰撞为主，即以溅射为主；当能量大于 5 万 eV 时，离子进入工件内部，碰撞概率增大，速度降低，使非弹性碰撞增多，此时，离子注入率增大，即离子进入被加工材料晶格内部，称为离子注入。

### 7.4.2　离子束加工的特点

离子束加工技术是作为一种微细加工手段出现的，离子束加工的特点如下。

（1）易于精确控制。离子束可以通过离子光学系统进行聚焦扫描，共聚焦光斑直径可达 1 $\mu$m 以内，因而可以精确控制尺寸范围。由于离子束流密度及离子的能量可以精确控制，在溅射加工时，可以将工件表面原子逐个剥离，从而加工出极为光整的表面，实现微精加工；而在注入加工时，能精确地控制离子注入的深度和浓度。

（2）加工产生的污染少。加工在真空中进行，特别适合加工易氧化的金属、合金及半导体材料。

（3）加工应力小，变形极小，对材料适应性强。离子束穿透能力强，被加工表层几乎不产生热量，不引起机械应力和损伤。离子束加工是一种原子级或分子级的微细加工，其宏观力很小，故脆性材料、半导体材料、高分子材料都可以采用这种方法加工，而且表面质量好。

### 7.4.3　离子束加工的工艺及应用

目前离子束加工工艺主要有用于从工件上作去除加工的离子刻蚀加工，用于给工件表面添加膜层的溅射镀膜和离子镀膜加工，以及用于表面改性的离子注入加工，前三者都是利用离子的溅射效应，最后一种是基于注入效应。

#### 1. 离子束刻蚀加工

离子束刻蚀是通过带能离子或电子对靶轰击，将靶原子从靶表面移去的工艺过程，也就是

**图 7-27　石英晶体谐振器**

溅射过程。为了避免入射离子与工件材料发生化学反应，必须用惰性元素的离子，通常使用氩离子进行轰击刻蚀。因离子直径为 0.1 nm 数量级，可以认为离子刻蚀是逐个剥离原子的，刻蚀的分辨力可达微米甚至纳米级，可以得到精确的形状和纳米级的线条宽度，但刻蚀速度很低，剥离速度大约为每秒一层到几十层原子。离子束可以刻蚀金属、半导体、绝缘有机物等材料，尤其适用于半导体大规模集成电路和磁泡器件等的微细加工。这里主要介绍离子束刻蚀用于石英晶体谐振器（见图 7-27）的制作。

石英晶体的谐振频率与其厚度有关。用机械研磨和抛光致薄的晶体，可制作低频器件，但频率超过 20 MHz 时，上述工艺已不适用，因为极薄的晶片已不能承受机械应力。采用离子束抛光，可以不受此限制。用能量为 500 eV、束流密度为 0.7 mA/cm² 、有效束径为 8 cm 的氩离子束以 35°的离子入射角加工，可以得到 3.3 $\mu$m 厚的石英晶体薄片。

随着微机电系统技术的发展，对超精微加工的要求越来越高，微机械、微传感器、微机器人所要求的结构尺寸皆在微米级，因而离子束刻蚀成为重要的加工手段，必将得到更广泛的

应用。

### 2. 溅射镀膜加工

溅射镀膜是基于粒子轰击靶材时的溅射效应完成加工,如图 7-28 所示,离子束在电场或磁场的加速下飞向阴极靶材,将阴极表面靶原子或分子溅射并附着至靶材附近的工件表面,形成镀膜。溅射镀膜可镀金属,也可镀非金属,由于溅射出来的原子和分子有相当大的动能,因此相比于蒸镀、电镀,溅射镀膜的附着力更强。

溅射镀膜的主要应用领域包括硬质膜磁控溅射、固体润滑膜镀制和薄壁零件的镀制等,这里主要介绍硬质膜磁控溅射工艺应用。在高速钢刀具上用磁控溅射镀氮化钛(TiN)超硬膜,既美观又耐磨,可以大大提高刀具的寿命。图 7-29 所示为镀有氧化钛超硬膜的刀具实物。

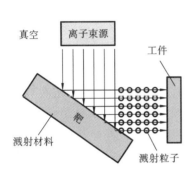

图 7-28　离子束溅射镀膜加工原理

图 7-29　镀有氧化钛超硬膜的刀具

### 3. 离子镀加工

离子镀是在真空蒸镀和溅射镀膜的基础上发展起来的一种镀膜技术。从广义上讲,离子镀这种真空镀膜技术是膜层在沉积的同时又受到高能粒子束的轰击。这种粒子流的组成可以是离子,也可以是通过能量交换而形成的高能中性粒子。这种轰击使界面和膜层的性能,如膜层对基片的附着力、覆盖情况、膜层状态、密度、内应力等发生某些变化。由于离子镀的附着力好,原来在蒸镀中不能匹配的基片材料和镀料,可以用离子镀完成,还可以镀出各种氧化物、氮化物和碳化物膜层。离子镀加工的应用领域包括制作耐磨功能膜、润滑功能膜、抗蚀功能膜、耐热功能膜和装饰功能膜等。

### 4. 离子注入加工

离子注入加工既不从加工表面去除基体材料,也不在表面以外添加镀层,仅仅通过改变基体表面层的成分和组织结构,从而造成表面性能变化,以达到材料的使用要求。

离子注入是在 $1 \times 10^{-4}$ Pa 的高真空室中进行的。将要注入的化学元素的原子在离子源中电离并引出离子,在电场加速下,离子能达到几万到几十万 eV,将此高速离子射向置于靶盘上的零件。入射离子在基体材料内,与基体原子不断碰撞而损失能量,结果离子就停留在几纳米到几百纳米处,形成了注入层。进入的离子在最后以一定的分布方式固溶于工件材料中,从而改变了材料表面层的成分和结构。离子注入广泛地应用在半导体加工领域和金属表面改性领域,制造常规方法难以获得的各种特殊要求的材料,其主要应用领域如下。

(1) 在半导体方面的应用。目前离子束加工在半导体方面的应用主要是离子注入,而且主要是在硅片中应用,用以取代热扩散进行掺杂。其中,在化合物半导体中,目前已用离子注入来制造发光器件,可以提高发光效率,例如用来制造红外探测器,在光电集成电路中用注

$H^+$ 或 $O^{2-}$ 形成高阻层来做电学和光学的隔离。

（2）抗水溶液腐蚀的应用。经离子注入表面合金的抗蚀性比同成分合金的更好，所以向铁中注入铬、镍、铝等可以提高其抗蚀性，向奥氏体不锈钢中注入氩离子可增加其氧化膜的厚度。

（3）在抗高温氧化物中的应用。向钛合金中注入 $Ca^{2+}$、$Ba^{2+}$ 可以提高其表面的抗氧化性能，向含铬的铁基和镍基合金中注入钇离子或稀土元素离子，可提高其表面的抗高温氧化性能。

# 7.5　电子束加工

电子束加工是利用高能电子束流轰击材料，使其产生热效应或辐射化学和物理效应，以达到预定目标的加工技术。

## 7.5.1　电子束加工的概念及原理

电子束加工根据其所产生的效应可分为电子束热加工和电子束非热加工两类。

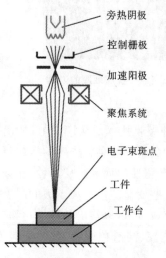

图 7-30　电子束热加工原理

旁热阴极
控制栅极
加速阳极
聚焦系统
电子束斑点
工件
工作台

### 1. 电子束热加工

图 7-30 所示为电子束热加工的原理图，通过加热发射材料产生电子，在热发射效应下，电子飞离材料表面。在强电场作用下，热发射电子经过加速和聚焦，沿电场相反方向运动，形成高速电子束流。电子束通过一级或多级会聚便可形成高能束流，当它冲击工件表面时，动能瞬间大部分转变为热能。由于光斑直径极小（其直径可达微米级或亚微米级），电子束具有极高的功率密度，可使材料的被冲击部位温度在几分之一微秒内升高到几千摄氏度，电子束能量密度高、作用时间短，所产生的热量来不及传导、扩散就将工件被冲击部分局部熔化、汽化、蒸发成雾状粒子而飞散，从而实现加工的目的。

### 2. 电子束非热加工

电子束非热加工基于电子束的非热效应，利用功率密度比较低的电子束和电子胶（又称电子抗蚀剂，由高分子材料组成）的相互作用，从而产生辐射化学或物理效应。当用电子束流照射这类高分子材料时，入射电子和高分子相碰撞，使电子胶的分子链被切断或重新聚合而引起分子量的变化以实现电子束曝光。将这种方法与其他处理工艺联合使用，就能在材料表面刻蚀细微槽和其他几何形状，其工作原理如图 7-31 所示。通常是在材料上涂覆一层电子胶（称为掩膜），用电子束曝光后，经过显影处理，形成满足一定要求的掩膜图形，而后进行不同后置工艺处理，达到加工要求，其槽线尺寸可达微米级。该类工艺方法广泛应用于集成电路、微电子器件、集成光学器件、表面声波器件的制作，也适用于某些精密机械零件的制造。

## 7.5.2　电子束加工的特点

电子束加工具备如下特点。

（1）束径小，能量密度高，能微细聚焦（0.01 μm），适合加工深孔、细深孔、窄缝。

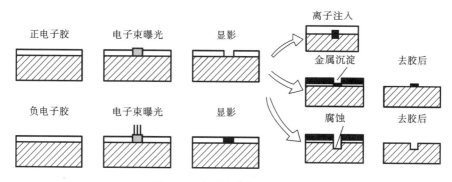

图 7-31　电子束非热加工原理

（2）热影响范围小，适用于硬、脆、软、韧金属和非金属材料、热敏材料、半导体材料、易氧化材料等的加工。原则上各种材料均能加工，特别适用于加工特硬、难熔金属和非金属材料。

（3）加工速度快，效率高。非接触加工，无工具损耗，无切削力，加工时间极短，控制性能好，易于实现自动化。

（4）可用于打孔、切槽、焊接、光刻、表面改性。

（5）在真空中加工，无氧化，特别适用于加工高纯度半导体材料和易氧化的金属及合金。

（6）加工设备较复杂，投资较大，多用于微细加工。

### 7.5.3　电子束加工的工艺及应用

电子束加工按其功率密度和能量注入时间的不同，可用于打孔、焊接、热处理、刻蚀等多方面加工，但是生产中应用较多的是打孔、焊接、曝光和刻蚀等。

**1. 电子束打孔**

无论工件是金属、陶瓷、金刚石、塑料，还是半导体材料，都可以用电子束加工工艺加工出小孔和窄缝。目前，电子束打孔的最小孔径已达 1 $\mu$m。孔径在 0.5～0.9 mm 时，其最大孔深已超过 10 mm，即孔深径比大于 15∶1。在厚度为 0.3 mm 的材料上加工 0.1 mm 的孔，其孔径公差为 9 $\mu$m。电子束打孔的速度快、生产效率高，通常每秒可加工几十至几万个孔，具体的打孔速度主要取决于板厚和孔径，孔的形状复杂时还取决于电子束扫描速度（或偏转速度），以及工件的移动速度。例如，板厚 0.1 mm、孔径为 0.1 mm 时，打孔效率为 15 $\mu$s/孔。电子束打孔在航空工业、电子工业、化纤工业及制革工业中得到应用，如制造喷气发动机燃烧室罩孔、人造革透气孔、锥孔与斜孔，以及化纤喷丝头孔等。

**2. 电子束焊接**

电子束焊接具有很多优越性，如焊缝深宽比大、焊接速度高、工件热变形小、焊缝物理性能好等，其工艺适应性强，能进行变截面焊接，也能实现狭缝厚材料深焊，甚至可以实现异种材料的焊接，因此具有广泛的应用，特别是在航空航天工业中得到了大量应用。

例如，直径达 1500 mm 的发动机压气机盘，采用分体制造轮毂和轮缘方法，将轮缘分为八段，由八个小锻件加工成扇形，再用电子束将其组合拼焊。航空发动机某些构件（如加高压涡轮机匣、高压承力轴承等）可通过异种材料组合，使发动机在高速运转时，利用材料线膨胀系数不同完成主动间隙配合，从而实现提高发动机性能、增加发动机推重比、节省材料、延长使用寿命等。

电子束焊接还常用于传感器及电器元器件的连接和封接，尤其一些耐压、耐腐蚀的小型器件在特殊环境工作时,电子束焊接有很大优越性。电子束焊接在厚壁压力容器、造船工业等也有良好的应用前景。

**3. 电子束曝光**

集成电路、微电子器件、集成光学器件、表面声波器,以及微机械元器件的图形制作技术中,通常将电子束曝光处理作为刻蚀前置工序。如图 7-32 所示,首先利用低功率密度的电子束照射称为电子抗蚀剂或光致抗蚀剂的高分子材料,由入射电子与高分子相碰撞,使分子被切断或重新聚合而引起分子量的变化,这称为电子束曝光。按图形进行电子束曝光,就在电子抗蚀剂中留下潜像,接着将其放入适当的溶剂中,因分子量不同故溶解度不一样,就会使潜像显影出来,再与离子束刻蚀或蒸镀工艺结合,就能在金属掩膜或材料表面上制出图形来。

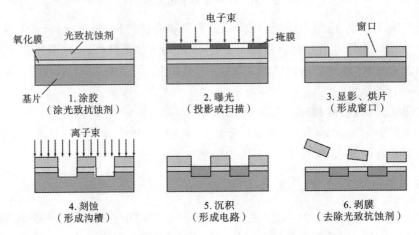

图 7-32　电子束光刻大规模集成电路加工过程

电子束曝光一般分为两类,扫描电子束曝光(又称电子束线曝光)和投影电子束曝光(又称电子束面曝光)。微型电子器件的图形精细、复杂,且基片面积大,要求电子束精细聚焦,并能自由移动,精确地扫描达到规定的位置上,即扫描曝光。在工业应用中,我国用投影电子束曝光机制成的高频器件的最小线宽为 $2.5~\mu m$,间隔为 $2.5~\mu m$;表面声波器件的最小线宽为 $2~\mu m$,间隔为 $2~\mu m$。国外已做出最小线宽为 $1~\mu m$ 的器件,即在石榴石上制成的 8 位移位寄存器。

除了上述三种电子束加工技术外,电子束表面改性处理、电子束熔炼、电子束铣切、电子束镀膜等方法也都得到了工业应用。

# 7.6　激光加工

随着大功率激光器的出现,应用激光进行材料加工的激光加工技术逐渐发展起来。从原理上讲,自然界中几乎所有材料,包括低碳钢、中碳钢、铸铁、特殊钢、不锈钢、有色金属及其合金等金属材料,以及陶瓷、树脂、纤维等非金属材料,都能采用激光加工。从行业来说,激光加工涉及汽车、电子电器、钢铁、有色金属、化工、纤维、精密机械,以及运输机械等领域。

## 7.6.1　激光加工的概念及原理

激光是一种受激辐射而得到的加强光,除了具有光的一般物性,如反射、折射、绕射及干涉等,还具有强度高、亮度大、波长频率确定、单色性好、相干性好、相干长度长,以及方向性好等特性。根据作用原理的不同,目前激光加工主要分为激光热加工和光化学加工(又称冷加工)。如果没有特别说明,一般激光加工指激光的热加工。激光加工的基本设备包括激光器、电源、光学系统及机械系统四大部分,如图 7-33 所示,其中激光器是受激辐射的光放大器,是激光加工的核心设备。一般使用红外激光进行激光的热加工,常用激光器有 $CO_2$ 气体激光器和 Nd:YAG 固体激光器,而激光冷加工使用紫外激光,常用的激光器有准分子激光器和氩离子激光器。

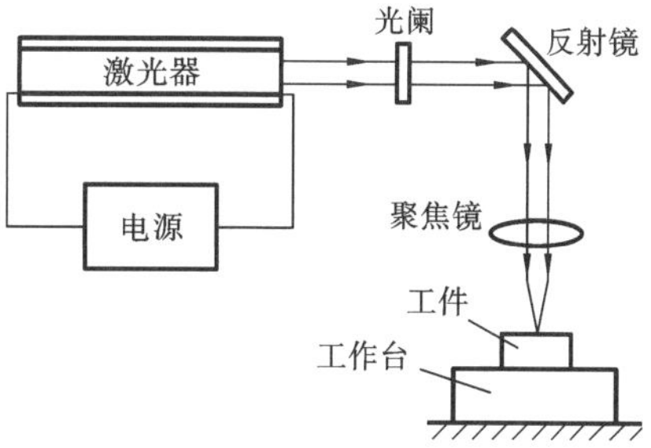

图 7-33　激光加工设备组成

**1. 激光热加工**

激光热加工是把具有足够能量的激光束聚焦后照射到所加工材料的适当部位,在极短的时间内,光能转变为热能,被照部位迅速升温,材料发生气化、熔化、金相组织变化并产生相当大的热应力,从而实现工件材料的去除、连接、改性或分离等加工。激光加工过程大体可以分为:激光照射材料→材料吸收光能、光能转变为热能使材料加热→通过气化和熔融溅出使材料去除或破坏等。不同的加工工艺有不同的加工过程,有的要求激光对材料加热并去除材料,如打孔、切割、动平衡等;有的要求将材料加热到熔化程度而不要求去除,如焊接加工;有的则要求加热到一定温度使材料产生相变,如热处理等。金属材料和非金属材料受激光照射,其加热和破坏机理有着本质的区别。

**2. 激光冷加工**

与激光热加工的光热作用不同,激光冷加工指当激光束作用于材料时,高密度能量光子引发或控制光化学反应的加工过程。冷加工激光(紫外)光子能量大于物质化学键的离解能量,因此光子能够打断材料或周围介质内的化学键,使材料发生非热过程破坏。当能量较小时,打断速度小于重新结合的速度,从而看不到材料的消融;当能量大于一定值时,打断速度大于结合速度,此时被打断的小颗粒物质发生膨胀,以很快的速度向外喷射,形成等离子体羽流,称为光蚀分解现象。

由于激光冷加工是非热加工,而且大多数材料都能有效吸收紫外光,因此加工表面具有光滑的边缘和最低限度的碳化,加工范围广;同时由于紫外光波长较短,可以获得尺寸微小的聚焦光斑,因此激光冷加工具有更强的产生小精细特征的能力,特别适合于微细加工。

## 7.6.2　激光加工的特点

激光的高亮度、高方向性、高单色性和高相干性特点使得激光加工具有一些独特的加工特点。

(1) 加工方法多、适应性强。在同一台设备上可完成切割、打孔、焊接、表面处理等多种加工;既可在一个工位分步加工,又可在几个工位同时进行加工。可加工各种材料,包括高硬度、高熔点、高强度及脆性、柔性材料;既可在大气中,也可在真空中进行加工。

(2) 加工精度高,质量好。由于激光能量密度高且该加工是非接触式加工,以及激光作用时间短,即能量注入速率高,因此工件热变形小,且无机械变形,这对精密小零件的加工非常有利。例如,用激光焊接金属波纹管及密封继电器,其气密封性可达 $10^{-10} \sim 10^{-11}$ cm²/s,比原工艺提高几个量级。

(3) 加工效率高,经济效益好。在某些情况下,用激光切割可提高效率 8～20 倍;用激光进行深熔焊接的生产效率比传统方法提高 30 倍。与其他打孔方法相比,激光打孔的费用降低 25%~75%,间接加工费用降低 50%~75%。与其他切割方法相比,激光切割钢材费用降低 70%~90%。

（4）节约能源与材料,无公害与污染。激光束的能量利用率为常规热加工工艺的 10～ 1000 倍,此外,激光束不产生像电子束那样的射线,无加工污染。

（5）加工用的是激光束,无"刀具"磨损及切削力影响的问题。

### 7.6.3  激光加工的工艺及应用

激光加工广泛用于打孔、切割、焊接、快速成形、表面处理及半导体加工等,激光加工具有不受材料限制、加工效率高、精度高等优势,往往可以同时满足效率和精度这两项加工指标,这是许多其他加工方法所达不到的。图 7-34 所示为不同的激光加工方法所对应的激光作用时间和功率密度条件。下面主要介绍激光打孔、激光切割、激光焊接和激光快速成形工艺及其应用。

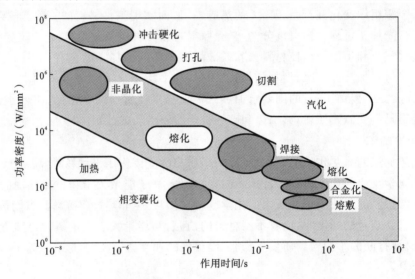

**图 7-34  激光加工作用时间与功率密度**

#### 1. 激光打孔

激光打孔的过程是材料在激光热源照射下产生的一系列热物理现象综合的结果,它与光束的特性和材料的热物理性质有关。当激光束照射到工件表面时,光能被吸收,转化成热能,使照射斑点处温度迅速升高、熔化、汽化而形成小坑。由于热扩散,斑点周围金属熔化,小坑内金属蒸气迅速膨胀,产生微型爆炸,将熔融物高速喷出并产生一个方向性很强的反冲击波,于是在被加工表面上打出一个上大下小的孔。图 7-35(a)所示为不锈钢材料激光打出的微孔结构,图 7-35(b)所示为激光打孔用于陶瓷材料上制造 $\phi$0.5 mm 的小孔。

#### 2. 激光切割

激光切割是将高能量密度的激光通过透镜在被切割材料附近聚焦,照射到材料表面后使材料熔化,同时,从锥形喷嘴的小孔中喷出 0.15~0.4 MPa 的高压辅助气体,吹走熔化的材料,通过调整工艺参数,材料可以恰好熔化到底面为止,完成切割过程。激光切割可以用于切割钢板、不锈钢、钛、钽、镍等金属材料,以及布匹、木材、纸张、塑料等非金属材料,具有切缝窄、速度快、热影响区小、省材料、成本低等优点,并可以在任意方向上切割,包括内尖角。

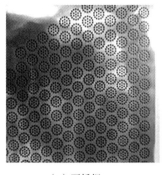
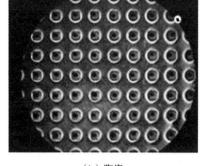

（a）不锈钢 （b）陶瓷

图 7-35 激光打孔应用

### 3. 激光焊接

激光焊接过程中，激光辐射能量作用于材料表面并转化为热量，表面热量通过热传导向内部扩散，使材料融化，在两材料连接区的部分形成熔池，激光束向前运动后，熔池中的熔融金属随之凝固，形成连接两块材料的焊缝。与打孔相比，激光焊接所需能量密度较低，不需将材料气化蚀除，只要将工件的加工区烧熔使其黏合在一起。激光焊接的优点是没有焊渣，不需去除工件氧化膜，可实现不同材料之间的焊接，特别适用于微型机械的焊接和精密焊接。激光焊接可用于汽车制造中的车身焊接，如图 7-36 所示。

图 7-36 激光焊接车身（网络图）

### 4. 激光快速成形

激光快速成形（laser rapid prototyping，LRP）技术是以高能激光作为加工能源，直接根据 CAD 模型快速生产零部件的先进制造技术，是快速成形（rapid prototyping，RP）技术的重要组成部分，集成了计算机辅助设计（CAD）技术、计算机辅助制造（CAM）技术、计算机数控（CNC）技术、激光技术和材料科学等领域的成果。

与传统的制造方法（如减材制造、变形制造等）不同，快速成形技术是一种基于材料累加原理的添加成形工艺。它基于数字离散堆积的思想，如图 7-37 所示，采用 CAD 造型，用分层软件使计算机三维实体模型在高度方向离散化即形成一系列具有一定厚度、一定形状的薄片单元，再通过计算机控制，不断地把材料按照已制定路径添加到未完成的制件上，采用聚合、黏结和烧结等物理化学手段，按照离散后的数据有选择地在特定的区域固化或黏结材料，从而形成零件实体的一个层面，并逐层堆积，生成对应 CAD 原型的三维实体。

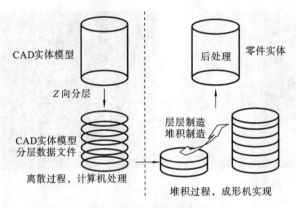

离散过程，计算机处理　　　　　堆积过程，成形机实现

**图 7-37　快速成形技术制造原理**

　　几种典型激光快速成形技术的特点及其应用如表 7-3 所示。其中，选择性激光烧结(selective laser sintering,SLS)工艺利用粉末状材料成形。SLS 工作原理见图 7-38,加工过程中，使用铺粉装置将材料粉末均匀铺洒在已成形零件表面形成粉末薄层;使用高强度 $CO_2$ 激光器，根据每层的图元信息选择性地在粉末薄层扫描出零件截面;材料粉末在高强度的激光照射下熔化烧结在一起并黏结在下层已成形材料上,得到零件截面,未被照射熔化的粉末则作为零件的支撑体;当完成一层烧结后,工作缸下降一个层厚,开始下一层铺粉和烧结,如此反复,逐层加工并层层连接,最后去掉未烧结的松散的粉末,获得原型制件。

**表 7-3　典型激光快速成形技术的特点及其应用**

| 特点及其应用 | 光固化成形(SLA) | 选择性激光烧结(SLS) | 分层实体制造(LOM) |
|---|---|---|---|
| 优点 | (1) 成形速度快,成形精度和表面质量高<br>(2) 适用于做小件及精细件 | (1) 有直接金属型的概念,可直接得到塑料、蜡或金属件 | (1) 成形精度较高<br>(2) 只需对轮廓线进行切割,制作效率高,适合做大型实体件<br>(3) 制成的样件有木质制品的硬度,可进行一定的切割等后加工处理 |
| 缺点 | (1) 成形后要进一步固化处理<br>(2) 光敏树脂固化后较脆,易断裂,可加工性不好<br>(3) 工作温度不能超过 100 ℃,成形件易受潮后膨胀,抗腐蚀能力差 | (1) 成形件强度和表面质量差,精度低<br>(2) 后处理工艺复杂<br>(3) 后处理中难以保证制件的尺寸精度 | (1) 不适用于做薄壁制件<br>(2) 制件表面比较粗糙,有明显的台阶纹,成形后要进行打磨等后处理<br>(3) 易受潮膨胀,成形后必须尽快进行表面防潮等后处理<br>(4) 制件强度较差,缺少弹性 |
| 设备购置费用 | 价格昂贵 | 价格昂贵 | 价格中等 |
| 维护和日常使用费用 | 激光器有损耗,光敏树脂价格昂贵 | 激光器有损耗,材料利用率高,原材料便宜 | 激光器有损耗,材料利用率低 |
| 应用领域 | 复杂、高精度零件 | 铸造件设计 | 实心体大件 |
| 适合行业 | 快速成形服务中心 | 铸造行业 | 铸造行业 |

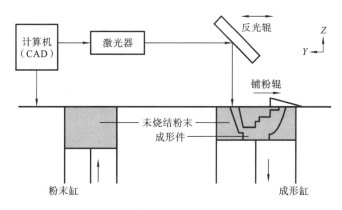

图 7-38 SLS 工作原理

　　选择性激光烧结是目前直接获得金属件最成功的快速成形技术,目前最具代表性的 SLS 技术包括美国 3D Systems 公司采用的将金属粉末和有机黏结剂相混合后的粉末烧结技术,以及德国 EOS 公司采用的将多种熔点不同的金属粉末组成的混合粉末烧结技术。国内的华中科技大学、上海理工大学等也开展了 SLS 相关研究。图 7-39 所示为 SLS 制造的钛合金工件,该工件通过工艺优化,能够有效抑制工件的加工残余应力,提升其力学性能。

图 7-39 SLS 制造的钛合金工件

# 复习思考题

1. 简述电火花加工的原理和特点。
2. 电化学加工有哪些类型? 电化学加工的影响因素有哪些?
3. 电解加工与传统机械加工、电火花加工有何不同?
4. 简述离子束加工的基本原理。说明离子束加工的特点及应用场合。
5. 电子束加工可分为哪些类型? 简述其特点和主要应用范围。
6. 激光切割、打孔和焊接在激光参数选择上有何不同? 为什么?

# 思政小课堂

**精密加工技术不能用于歪门邪道** 精密特种加工技术能够广泛应用于制造产品商标、字符等,但某些企业将其用于非法生产。2012 年,广东清远市清城区公安分局查获了一间仿制加工法国路易威登"LOUIS VUITTON"（简称 LV）商标的工厂——位于横荷镇大有工业区的"瑞新"佳宝五金金饰电镀厂。该厂未经授权违规对 LV 皮革制品金属商标进行金色电镀加工。经民警对车间进一步仔细清查，现场查获已经加工好准备出售的该商标标识金属牌 4000 多个，未经电镀加工的该商标标识金属牌 800 多个。专案组人员对 2 名犯罪嫌疑人审讯发现，自 2012 年 2 月以来该厂已制造 LV 假商标共 13 万余个。最终，2 名犯罪嫌疑人被刑事拘留。

　　2019 年 11 月，中国警方和阿联酋警方联手，对一个跨境制假售假团伙实施同步收网打击行动，抓获境内境外犯罪嫌疑人 57 名，查获假冒路易威登、假冒爱马仕、假冒香奈儿等奢侈品 28000 余件，涉案金额近人民币 18 亿元。其中，被查获的一家作坊虽小，工人也只有十几个，但分工明确：工厂负责人将真包买回来后，他们再将真包分解开、打样、用纸做版型、去市场采购皮料，然后分别负责皮料的开料、皮料的黏合成形、皮料的美化油边、皮料的车缝，通过这种流水化作业，生产出一个个外形高度相似的假冒品牌箱包（见图 1）。

图 1　仿制的 LV 手包和虚假证书

　　当这些高仿的箱包生产完成后，会配上伪造的"原厂正货"证书，以及"海关进口货物报关单""海关进口增值税专用缴款书"，一起打包装进集装箱，通过海运或者航运，运往阿联酋迪拜，在当地按照真品打折促销，以几千元到几万元不等的价格销往多个国家。据犯罪嫌疑人交代，生产一个高仿包，人工费用加上皮料等所有成本，全部算下来仅需一两百元。

# 第8章 微细加工技术

## 8.1 微细加工技术的出现

### 8.1.1 制造技术自身加工的极限

当今,现代制造技术的发展有两大趋势,一是向着自动化、柔性化、集成化、智能化等方向发展,使制造技术形成一个系统,进行设计、工艺和生产管理的集成,统称为制造系统自动化;另一是寻求极小尺度、极大尺度和极端功能的制造技术的极限,而微细加工技术是指制造微小尺寸零件的加工技术。

精密加工和微细加工是有着密切联系的,它们都是现代制造技术的前沿,微细加工是属于精密加工范畴的。现代制造技术发展很快,不仅出现了微细加工技术,而且出现了超微细加工技术。当前,可以认为微细加工主要指 1 mm 以下的微细尺寸零件,加工精度为 $0.01 \sim 0.001$ mm 的加工,即微细度为 0.1 mm 级的亚毫米级的微细零件加工;而超微细加工主要指 1 $\mu$m 以下的超微细尺寸零件,加工精度为 $0.1 \sim 0.01$ $\mu$m 的加工,即微细度为 0.1 $\mu$m 级的亚微米级的超微细零件加工,其今后的发展是进行微细度为 1 nm 以下的毫微米(纳米)级的超微细加工。

### 8.1.2 微细加工出现的历史背景

#### 1. 精密机械仪器仪表零件的微细加工

科学技术的发展使设备不断趋于微型化,以适应工业、国防和社会生活的需要。现代的钟表、计量仪器、医疗器械、液压元件、气压元件、陀螺仪、光学仪器、家用电器等都在力求缩小体积、减轻重量、降低功耗、提高稳定性。特别是航空航天事业的发展、宇航工业的崛起,对许多设备、装置提出了微型化的要求,因此出现了许多微小尺寸零件的加工。例如:红宝石(微孔)轴承、微型齿轮、微型轴、金刚石针、微型非球面透镜、金刚石压头、金刚石车刀、微型钻头等都需要用微细加工方法来制造,微细加工越来越得到广泛应用。

利用微细加工所制造的微小机械,已用于医疗、生物工程中,有着广阔的应用前景。图8-1所示为放大了 600 倍的利用微细加工手段所制造的微型电动机,其轴径为 0.1 mm,利用静电回转,转速为 1200 r/min。图 8-2 所示为放大了 300 倍的微型齿轮,其外径为 125 $\mu$m。典型的微小机械有微型电动机、微型泵、各种微型传感器等,可用于测量血压、血液中的 pH 值等。

#### 2. 电子设备微型化和集成化的需求

计算机技术、微电子技术和航空航天等技术的发展,对电子设备微型化和集成化的需求越来越高。同时,各种电子设备已广泛应用在工业、农业、交通运输、国防,以及民生等各个方面,其功能日益完善,结构愈复杂,要求体积小、重量轻、成本低、可靠性高,这只有通过微型化和集成化才能实现。

图 8-1　微型电动机

图 8-2　微型齿轮

电子设备微型化和集成化的关键技术之一是微细加工。微细加工不仅包含了传统的机械加工方法，而且包含了许多特种加工方法，如电子束加工、离子束加工、化学加工、光刻等；同时加工的概念不仅包含分离加工，而且包括了结合加工和变形加工等。

**3. 集成电路的制作技术**

集成电路是电子设备微型化和集成化中的重要元件，微细加工技术的出现和发展与集成电路有密切关系，许多微细加工方法是在集成电路需求的基础上提出的，微细加工名称的提出也与此有关。

# 8.2　微细加工的概念及其特点

## 8.2.1　微细加工的概念

微细加工技术是指制造微小尺寸(尺度)零件的生产加工技术。从广义的角度来说，微细加工包含了各种传统精密加工方法，以及与传统精密加工方法完全不同的新方法，如切削加工、磨料加工、电火花加工、电解加工、化学加工、超声波加工、微波加工、等离子体加工、外延生长、激光加工、电子束加工、离子束加工、光刻加工、电铸加工等。从狭义的角度来说，微细加工主要是指半导体集成电路制造技术，因为微细加工和超微细加工是在半导体集成电路制造技术的基础上形成并发展的，它们是大规模集成电路和计算机技术的技术基础，是信息时代、微电子时代、光电子时代的关键技术之一。因此，其加工方法多偏重于指集成电路制造中的一些工艺，如化学气相沉积、热氧化、光刻、离子束溅射、真空蒸镀，以及整体微细加工技术。整体微细加工技术是指用各种微细加工方法在集成电路基片上制造出各种微型运动机械，即微型机械和微型机电系统。

微小尺寸加工和一般尺寸加工是不同的，其不同点主要表现在以下几方面。

**1. 精度的表示方法**

一般尺寸加工时，精度是用其加工误差与加工尺寸的比值(即精度比率)来表示的，如现行的公差标准中，公差单位是计算标准公差的基本单位，它是基本尺寸的函数，基本尺寸越大，公差单位也越大，因此，属于同一公差等级的公差，对不同的基本尺寸，其数值就不同，但认为具有同等的精确程度,所以公差等级就是确定尺寸精确程度的等级。

在微细加工时,由于加工尺寸很小,精度就必须用尺寸的绝对值来表示,即用去除的一块材料的大小来表示,从而引入加工单位尺寸(简称加工单位)的概念,加工单位就是去除的一块材料的大小。因此,当微细加工 0.01 mm 尺寸零件时,必须采用微米加工单位进行加工;当微细加工微米尺寸零件时,必须采用亚微米加工单位进行加工,现今的超微细加工已采用纳米加工单位。

**2. 微观机理**

以切削加工为例,从工件的角度来看,一般尺寸加工和微细加工的最大差别是切屑大小不同。一般加工时,由于工件较大,允许的吃刀量就比较大。在微细加工时,从强度和刚度上都不允许有大的吃刀量,因此切屑很小。当吃刀量小于材料晶粒直径时,切削就得在晶粒内进行,这时晶粒就作为一个个不连续体来进行切削。一般金属材料是由微细的晶粒组成,晶粒直径为数微米到数百微米。一般切削时,吃刀量较大,可以忽视晶粒本身大小而将其作为一个连续体来看待,因此,一般加工和微细加工的微观机理是不同的。

**3. 加工特征**

一般加工时多以尺寸、形状、位置精度为加工特征,在精密加工和超精密加工时也是如此,所采用的加工方法偏重于能够形成工件的一定形状和尺寸。微细加工和超微细加工却以分离或结合原子、分子为加工目的,以电子束、离子束、激光束三束加工为基础,采用沉积、刻蚀、溅射、蒸镀等手段进行各种处理。

## 8.2.2　微细加工的特点

随着半导体器件、金属印制电路、微型机械、光通信和集成电路技术的发展,各行业对更加精细和更高精度尺寸、形状的加工要求愈加强烈,使微细加工和超微细加工不断发展并成为精密加工领域中的一个极重要的关键技术。微细加工和超微细加工当前有如下几个特点。

(1)微细加工和超微细加工是一个多学科的制造系统工程。微细加工和超微细加工与精密加工和超精密加工一样,已不再是孤立的加工方法和单纯的工艺过程,它涉及超微量分离、结合技术,高质量的材料,高稳定性和高净化的加工环境,高精度的计量测试技术,以及高可靠性的工况监控和质量控制等。

(2)微细加工和超微细加工是一门多学科的综合高新技术。微细加工和超微细加工技术的涉及面极广,其加工方法包括分离、结合、变形三大类,遍及传统加工工艺和非传统加工工艺范围。

(3)平面工艺是微细加工的工艺基础。平面工艺是制作半导体基片、电子元件和电子线路及其连线、封装等的一整套制造工艺技术。它主要围绕集成电路的制作,现正在发展立体工艺技术,如光刻-电铸-模铸复合成形技术(LIGA)等。

(4)微细加工和超微细加工与自动化技术联系紧密。为了保证加工质量及其稳定性,必须采用自动化技术来进行加工。

(5)微细加工技术和精密加工技术互补。微细加工属于精密加工范畴,但其自身特点十分显著,两者相互渗透,相互补充。

(6)微细加工检测一体化。微细加工的检验、测试的配置十分重要,没有相应的检验、测试手段是不行的,在位检测和在线检测的研究非常必要。

# 8.3　微细加工机理

微细切削时,为保证工件尺寸精度要求,其最后一次切除的表面层厚度必须小于尺寸精度值。同时,由于工件尺寸小,从材料的强度和刚度角度来考虑,切屑必须很小,因此吃刀量可能小于材料的晶粒大小,切削就在晶粒内进行,这时称之为微切削去除。

## 8.3.1　切削厚度与材料剪应力的关系

在微切削时,切削往往在晶粒内进行,因此,切削力定要超过晶体内部的分子、原子结合力,其单位面积的切削阻力($N/mm^2$)将急剧增大,这样一来,切削刃上所承受的剪应力就急速地增加并变得非常大,从而在单位面积上会产生很大的热量,使切削刃尖端局部区域的温度极高,因此要求采用耐热性高、耐磨性强、高温硬度高、高温强度好的切削刃材料,即超高硬度材料,最常用的是金刚石等。

## 8.3.2　材料缺陷分布对其破坏方式的影响

材料微观缺陷分布或材质不均匀性,可以归纳为以下几种情况。

(1) 晶格原子($10^{-6}$ mm 以下):在晶格原子空间的破坏就是把原子一个一个地去除。

(2) 空位和填隙原子($10^{-6} \sim 10^{-4}$ mm):晶粒结构中存在着的空位和填隙原子是点缺陷,点缺陷空间的破坏就是以点缺陷为起点来增加晶格缺陷的破坏。晶体中存在的杂质原子也是一种点缺陷。

(3) 晶格位移和微裂纹($10^{-4} \sim 10^{-2}$ mm):晶格位移和微裂纹是位错缺陷,它在晶体中呈连续的线状分布,故又称为线缺陷。位错就是有一列或若干列原子发生了有规律的错排现象。位错缺陷空间的破坏是通过位错线的滑移或微裂纹引起晶体内的滑移变形。在晶体内部,一般情况下大约 1 $\mu m$ 的间隔内就有一个位错缺陷。

(4) 晶界、空隙和裂纹($10^{-2} \sim 1$ mm):它们的破坏是以面缺陷为基础的晶粒间破坏。

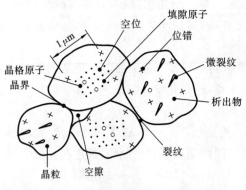

**图 8-3　材料微观缺陷分布**

(5) 缺口(1 mm 以上):缺口空间的破坏是由于拉应力集中而引起的破坏,也是一种面缺陷。

图 8-3 所示为材料微观缺陷分布的情况。在微切削时,当应力作用的区域在某个缺陷空间范围内,则将以与该区域相应的破坏方式而破坏。各种破坏方式所需的加工能量也是不同的,表 8-1 列出了典型微细去除加工时材料各种微观缺陷空间破坏的加工能量。加工能量可用临界加工能量密度 $\delta$($J/cm^3$)表示,它是当应力超过材料弹性极限时,在去除相应的空间内,由于材料微观缺陷而产生破坏的加工能量密度。

材料微观缺陷分布能量还可用单位体积切削能量 $\omega$($J/cm^3$)表示,它是指在产生该加工单位切屑时,消耗在单位体积上的加工能量。在以原子、分子为加工单位的情况下,通常可把两者($\delta$、$\omega$)看成大致相等。以原子、分子为加工单位时的微细加工就是把原子、分子一个一个地去除,这时不管用什么加工方法,其所需临界加工能量密度相当于材料的结合能量与活化能量的总和。但对于蒸发和溅射去除,尚需加上一定的动能,故其加工能量要多一个数量级。

表 8-1　临界加工能量密度　　　　　　　　　　　　　　　　　(单位:J/cm³)

| 加 工 机 理 | 加工单位/mm | | | |
|---|---|---|---|---|
| | $10^{-7}$ | $10^{-6}$ | $10^{-4}$ | $10^{2}$ |
| | 材料微观缺陷 | | | |
| | 晶格原子 | 空位和填隙原子 | 晶格位移和微裂纹 | 晶界、空隙和裂纹 |
| 化学分解、电解 | $10^{4}\sim10^{3}$ | | — | — |
| 脆性破坏 | — | $10^{4}\sim10^{2}$ | | |
| 塑性变形(微量切削、抛光) | — | — | $10^{3}\sim1$ | |
| 熔化去除 | $10^{4}\sim10^{3}$ | | — | — |
| 蒸发去除 | $10^{5}\sim10^{4}$ | | | |
| 离子溅射去除、电子刻蚀去除 | $10^{5}\sim10^{4}$ | | | |

### 8.3.3　各种微细加工方法的加工机理

微细加工的方法很多,方法不同,加工机理各异。要进行微细精度为微米级的微细加工,就需要用比它小一个数量级的尺寸作加工单位,即要用加工单位为 0.1 μm 的微细加工方法来加工。要进行微细精度为纳米级的超微细加工,就需要用比它小一个数量级的尺寸作加工单位,即要用加工单位为 0.1 nm 的微细加工方法来进行加工。显然,这就是原子、分子加工单位的微细加工方法。

表 8-2 列出了多种加工方法的加工机理,有分解、蒸发、扩散、溅射、沉积、注入等。从加工

表 8-2　各种微细加工方法的加工机理

| 加 工 机 理 | | 加 工 方 法 |
|---|---|---|
| 分离加工<br>(去除加工) | 化学分解(气体、液体、固体) | 刻蚀(光刻)、化学抛光、软质粒子化学-机械抛光 |
| | 电解(液体) | 电解加工、电解抛光 |
| | 蒸发(真空、气体) | 电子束加工、激光加工、热射线加工 |
| | 扩散(固体) | 扩散去除加工 |
| | 熔化(液体) | 熔化去除加工 |
| | 溅射(真空) | 离子束溅射去除加工、等离子体加工 |
| 结合加工<br>(附着加工) | 化学附着 | 化学镀、气相镀 |
| | 化学结合 | 氧化、氮化 |
| | 电化学附着 | 电镀、电铸 |
| | 电化学结合 | 阳极氧化 |
| | 热附着 | 蒸镀(真空蒸镀)、晶体生长,分子束外延 |
| | 扩散结合 | 烧结、掺杂、渗碳 |
| | 熔化结合 | 浸镀、熔化镀 |
| | 物理附着 | 溅射沉积、离子沉积(离子束) |
| | 注入 | 离子溅射注入加工 |

| 加 工 机 理 | | 加 工 方 法 |
| --- | --- | --- |
| 变形加工<br>（流动加工） | 热表面流动<br>黏滞性流动<br>摩擦流动 | 热流动加工（气体火焰、高频电流、热射线、电子束、激光）<br>液体、气体流动加工（压铸、挤压、喷射、浇注）<br>微粒子流动加工 |

机理来看，微细加工可分为分离、结合、变形三大类。分离加工又称去除加工，其机理是从工件上去除一块材料，可以用分解、蒸发、扩散、切削等手段去分离。结合加工又可称之为附着加工，其机理是在工件表面上附加一层别的材料。如果这层材料与工件基体材料不发生物理化学作用，只是覆盖在上面，就称之为附着，也可称之为弱结合，典型的加工方法是电镀、蒸镀等；如果这层材料与工件基体材料发生化学作用，生成新的物质层，则称之为结合，也可称之为强结合，典型的加工方法有氧化、渗碳等。变形加工又可称之为流动加工，其机理是通过材料流动使工件产生变形，其特点是不产生切屑，典型的加工方法是压延、拉拔、挤压等。长期以来，对变形加工的概念停留在大型、低精度的认识上，实际上微细变形加工可以加工极薄（板厚为几微米）或极细（丝径为几微米）的成品材料。

# 8.4　微细加工方法

## 8.4.1　微细加工方法分类

微细加工方法和精密加工方法一样，可以分为切削加工、磨料加工、特种加工和复合加工4类，而且从方法上来说，微细加工方法和精密加工方法有许多方法是共同的。例如金刚石刀具切削，在精密加工中为金刚石刀具精密切削或超精密切削，在微细加工中则为金刚石刀具微细切削或超微细切削。同一加工方法，既是精密加工方法，也是微细加工方法，既可用于精密加工中，也可以用于微细加工中。当然，有一些加工方法主要用于微细加工中，如光刻、镀膜、注入等。表8-3列出了一些常用的微细加工方法。对于微细加工，由于加工对象与集成电路关系密切，因此采用分离加工、结合加工、变形加工这样的机理来分类较好。

对于分离加工，与精密加工相同，又分为切削加工、磨料加工（分固结磨料和游离磨料）、特种加工和复合加工。

对于结合加工，又可分为附着、注入、接合三类，附着指附加一层材料；注入指表层经处理后产生物理、化学、力学性质变化，可统称为表面改性，或材料化学成分改变，或金相组织变化；接合指焊接、粘接等。

对于变形加工，主要指利用气体火焰、高频电流、热射线、电子束、激光、液流、气流和微粒子流等的力、热作用使材料产生变形而成形，是一种很有前途的微细加工方法。

从上述微细加工的分类中可以看出，许多加工方法都与电子束、离子束、激光束（三束加工）有关，它们是微细加工的基础，其相关原理和方法已在第7章进行了介绍，本章重点介绍与之相关的光刻加工和立体复合工艺。

### 表 8-3　常用微细加工方法

| 分类 | | 加工方法 | 精度/μm | 表面粗糙度 Ra/μm | 可加工材料 | 应用范围 |
|---|---|---|---|---|---|---|
| 分离加工 | 切削加工 | 等离子体切割 | — | — | 各种材料 | 熔断钼、钨等高熔点材料,合金钢,硬质合金 |
| | | 微细切割 | 1～0.1 | 0.05～0.008 | 有色金属及其合金 | 球、磁盘、反射镜、多面棱体 |
| | | 微细钻削 | 20～10 | 0.2 | 低碳钢、铜、铝 | 钟表底板、油泵喷嘴、化纤喷丝头、印制线路板 |
| | 磨粒加工 | 微细磨削 | 5～0.5 | 0.05～0.008 | 黑色金属、硬脆材料 | 集成电路基片的切割、外圆、平面磨削 |
| | | 研磨 | 1～0.1 | 0.025～0.008 | 金属、半导体、玻璃 | 平面、孔、外圆加工、硅片基片 |
| | | 抛光 | 1～0.1 | 0025～0.008 | 金属、半导体、玻璃 | 平面、孔、外圆加工、硅片基片 |
| | | 砂带研抛 | 1～0.1 | 0.01～0.008 | 金属、非金属 | 平面、外圆 |
| | | 弹性发射加工 | 0.1～0.01 | 0.025～0.008 | 金属、非金属 | 硅片基片 |
| | | 喷射加工 | 5 | 0.01～0.02 | 金属、玻璃、石英 | 刻槽、切断、图案成形、破碎 |
| | 特种加工 | 电火花穿孔成形加工 | 50～1 | 2.5～0.02 | 导电金属、非金属 | 孔、沟槽、狭缝、方孔、型腔 |
| | | 电火花线切割加工 | 20～3 | 2.5～0.16 | 导电金属 | 切断、切槽 |
| | | 电解加工 | 100～3 | 1.25～0.06 | 金属、非金属 | 模具型腔、打孔、套孔、切槽、成形、去毛刺 |
| | | 超声波加工 | 30～5 | 2.5～0.04 | 硬脆金属、非金属 | 刻模、落料、切片、打孔、刻槽 |
| | | 微波加工 | 10 | 6.3～0.12 | 绝缘材料、半导体 | 在玻璃、石英、红宝石、陶瓷、金刚石等上打孔 |
| | | 电子束加工 | 10～1 | 6.3～0.12 | 各种材料 | 打孔、切割、光刻 |
| | | 离子束去除加工 | 0.1～0.001 | 0.02～0.001 | 各种材料 | 成形表面、刃磨、割蚀 |
| | | 激光去除加工 | 10～1 | 6.3～0.12 | 各种材料 | 打孔、切断、划线 |
| | | 光刻加工 | 0.1 | 2.5～0.2 | 金属、非金属、半导体 | 刻线、图案成形 |
| | 复合加工 | 电解磨削 | 20～1 | 0.08～0.01 | 各种材料 | 刃磨、成形、平面、内圆 |
| | | 电解抛光 | 10～1 | 0.05～0.008 | 金属、半导体 | 平面、外圆孔、型面、细金属丝、槽 |
| | | 化学抛光 | 0.01 | 0.01 | 金属、半导体 | 平面 |
| 结合加工 | 附着加工 | 蒸镀 | — | — | 金属 | 镀膜、半导体器件 |
| | | 分子束镀膜 | | | 金属 | 镀膜、半导体器件 |
| | | 分子束外延生长 | | | 金属 | 半导体器件 |
| | | 离子束镀膜 | | | 金属、非金属 | 干式镀膜、半导体器件、刀具、工具、表壳 |
| | | 电镀(电化学镀) | | | 金属 | 图案成形、印制线路板 |
| | | 电铸 | | | 金属 | 喷丝板、栅网、网刃、钟表零件 |
| | | 喷镀 | | | 金属、非金属 | 图案成形、表面改性 |
| | 注入加工 | 离子束注入 | — | — | 金属、非金属 | 半导体掺杂 |
| | | 氧化、阳极氧化 | | | 金属 | 绝缘层 |
| | | 扩散 | | | 金属、半导体 | 掺杂、渗碳、表面改性 |
| | | 激光表面处理 | | | 金属 | 表面改性、表面热处理 |
| | 接合加工 | 电子束焊接 | — | — | 金属 | 难熔金属、化学性能活泼金属 |
| | | 超声波焊接 | | | 金属 | 集成电路引线 |
| | | 激光焊接 | | | 金属、非金属 | 钟表零件、电子零件 |
| 变形加工 | | 压力加工 | — | — | 金属 | 板、丝的压延、精冲、拉拔、波导管、衍射光栅 |
| | | 铸造(精铸、压铸) | | | 金属、非金属 | 集成电路封装、引线 |

## 8.4.2　光刻加工技术

　　光刻加工又称光刻蚀加工,它是刻蚀加工的一种,刻蚀加工简称刻蚀。当前,光刻加工技术主要是针对集成电路制作中得到高精度微细线条所构成的高密度微细复杂图形。

　　光刻加工可分为两个加工阶段。第一阶段为原版制作,生成工作原版或工作掩膜,为光刻加工时用;第二阶段为光刻过程,强调了光刻。

**1. 原版制作**

原版制作过程如图 8-4 所示,有以下一些主要工序。

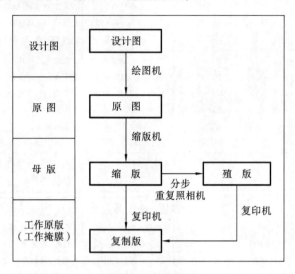

图 8-4　原版制作过程

(1) 绘制原图。原图一般要比最终要求的图像放大几倍到几百倍,它是根据设计图在绘图机上,用刻图刀在一种叫红膜的材料上刻成。红膜是在透明或半透明的聚脂薄膜表面涂敷一层可剥离的红色醋酸乙烯树脂保护膜而制成,刻图刀将保护膜刻透后,剥去不需要的那一部分保护膜而形成红色图像,即为原图。

(2) 缩版、殖版制作。将原图用缩版机缩成规定尺寸,即成缩版,视原图放大倍数,有时要多次重复缩小才能得到缩版。如果要大量生产同一形状制品,可用缩图在分步重复照相机上做成殖版。

(3) 工作原版或工作掩膜制作。缩版、殖版可直接用于光刻加工,但一般都作为母版保存。从母版复印形成复制版,将其作为光刻加工时的原版,称工作原版或工作掩膜(版)。

原版的制作是光刻加工技术的关键,其尺寸精度、图像对比度、照片的浓淡等将直接影响光刻加工的质量。

**2. 光刻过程**

光刻加工过程如图 8-5 所示,其主要工序如下。

(1) 涂胶。把光致抗蚀剂(光刻胶)涂敷在氧化膜上的过程称为涂胶。它又可分为正性胶和负性胶涂敷(显影图中被光照部分的胶层被去除,形成"窗口")。常用的涂胶方法有旋转(离心)甩涂、浸渍、喷涂和印刷等。

(2) 曝光。由光源发出的光束,经掩膜在光致抗蚀剂涂层上成像,或将光束聚焦形成细小束径通过扫描在光致抗蚀剂涂层上绘制图形,统称之为曝光。前者称之为投影曝光,又称为复印,常用的光源有电子束、X 射线、远紫外线(准分子激光)、离子束等。(投影曝光从投影方式上可分为接触式、接近式、反射式等,前述的原版就是用于投影曝光。)后一种曝光称之为扫描曝光,又称为写图,常用的光源有电子束、离子束等。

(3) 显影与烘片。曝光后的光致抗蚀剂,其分子结构产生化学变化,在特定溶剂或水中的溶解度也不同,利用曝光区和非曝光区的这一差异,可在特定溶剂中把曝光图形呈现出来,这

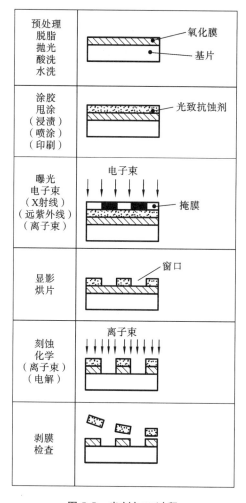

图 8-5　光刻加工过程

就是显影。有的光致抗蚀剂在显影干燥后,要进行 $200\sim250$ ℃的高温处理,使它发生热聚合作用,以提高强度,叫作烘片。

（4）刻蚀。利用化学或物理方法,将没有光致抗蚀剂部分的氧化膜去除,称之为刻蚀。刻蚀的方法很多,有化学刻蚀、离子束刻蚀、电解刻蚀等。在光刻中强调了用离子束刻蚀。刻蚀不仅沿厚度方向,也沿横向进行,称之为侧面刻蚀,如图 8-6 所示,若以 $\omega$ 表示侧面刻蚀量,以 $h$ 表示刻蚀深度,则刻蚀系数 $C_{\mathrm{f}}=h/\omega$。由于有侧面刻蚀现象,使刻蚀成的窗口比光致抗蚀剂窗口大,因此在设计时要进行修正。侧面刻蚀越小,刻蚀系数越大,制品尺寸精度就越高,精度稳定性也越好。双面刻蚀比单面刻蚀的侧面刻蚀量明显减小,时间也短,当加工贯通窗口时多

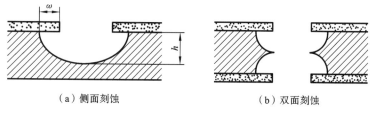

（a）侧面刻蚀　　　　　　　　　　　　　（b）双面刻蚀

图 8-6　侧面刻蚀现象

采用双面刻蚀。

（5）剥膜与检查。用剥膜液去除光致抗蚀剂的处理为剥膜。剥膜后洗净修整,进行外观、线条尺寸、间隔尺寸、断面形状、物理性能和电学特性等检查。

### 8.4.3　立体复合工艺

过去集成电路多采用平面工艺,由于微机械的发展需求,出现了立体结构,从而产生了立体加工技术,如沉积和刻蚀多层工艺技术、光刻-电铸-模铸复合成形技术(LIGA)等。

**1. 沉积和刻蚀多层工艺**

沉积和刻蚀都是半导体加工中的平面工艺,利用沉积和刻蚀的多层交替工艺方法,可以制作立体结构。图 8-7 展示了利用顺序交叉进行沉积和刻蚀的多层工艺方法,以制作多晶硅铰链为例,以多晶硅为结构层材料,以磷硅酸盐玻璃(PSG)为牺牲层材料,最后去除所有磷硅酸盐玻璃层,即可得到可转动的多晶硅转臂。

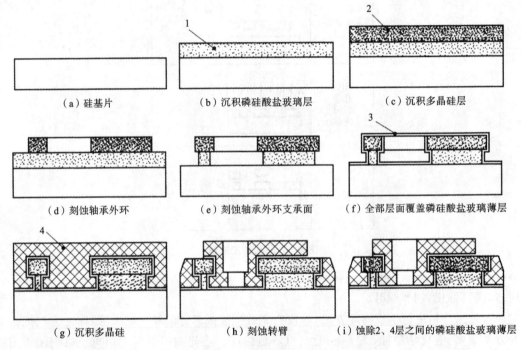

（a）硅基片　　　　　　（b）沉积磷硅酸盐玻璃层　　　　　（c）沉积多晶硅层

（d）刻蚀轴承外环　　　　（e）刻蚀轴承外环支承面　　（f）全部层面覆盖磷硅酸盐玻璃薄层

（g）沉积多晶硅　　　　（h）刻蚀转臂　　（i）蚀除2、4层之间的磷硅酸盐玻璃薄层

**图 8-7　多晶硅铰链的制作**

多晶硅铰链的制作过程如下:

（1）首先在硅基上沉积一层磷硅酸盐玻璃(层 1);

（2）在层 1 的磷硅酸盐玻璃上沉积多晶硅膜(层 2);

（3）用离子束刻蚀将多晶硅膜 2 加工成环状,作为轴承外环;

（4）用刻蚀方法蚀除层 1 上的磷硅酸盐玻璃,形成轴承外环的支承面;

（5）将全部层面覆盖磷硅酸盐玻璃薄层(层 3),其厚度即以后的转动间隙;

（6）用化学沉积法沉积多晶硅,形成一定的厚度和形状(层 4),该层为转臂的毛坯;

（7）用离子束刻蚀将层 4 加工成要求的转臂形状;

（8）用氟化氢(HF)溶液蚀除第 2、4 层多晶硅之间的磷硅酸盐玻璃,转臂即可自由转动。

最终形成多晶硅铰链,它是一个立体的可动结构。

**2. 光刻-电铸-模铸复合成形技术**

1）光刻-电铸-模铸复合成形加工机理

半导体加工技术基本上属于表面加工技术，所制作的机械结构多是二维的。目前，三维立体结构发展迅速，因此出现了高深宽比的刻蚀工艺，其中最具代表性的技术是光刻-电铸-模铸复合加工（LIGA）。它是 20 世纪 80 年代中期德国 W. Ehrfeld 教授等人发明的，是德语 lithographie galvanoformung und abformung 的简称，是由深度同步辐射 X 射线光刻、电铸成形和模铸成形等技术组合而成的综合性技术。它是 X 射线光刻与电铸复合立体光刻，反映了高深宽比的刻蚀技术和低温焊接技术的结合，可制作最大高度为 1000 $\mu m$、槽宽为 0.5 $\mu m$，高宽比大于 200 的立体微结构，加工精度可达 0.1 $\mu m$，可加工的材料有金属、陶瓷和玻璃等。

2）光刻-电铸-模铸复合成形加工方法

光刻-电铸-模铸复合成形加工可分为 X 射线光刻-电铸-模铸复合成形加工和准光刻-电铸-模铸复合成形加工，如图 8-8 所示，光刻-电铸-模铸复合成形加工主要由光刻、电铸成形和模铸成形三个工艺过程组成。

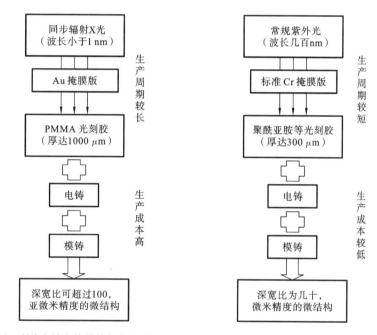

（a）X射线光刻-电铸-模铸复合成形加工　　　（b）准光刻-电铸-模铸复合成形加工

**图 8-8　光刻-电铸-模铸复合成形加工**

（1）X 射线光刻-电铸-模铸复合成形加工。通常光刻都采用深层同步辐射 X 射线，除具有波长短、分辨力高、穿透力强等优点外，可进行大深焦的曝光，减少了几何畸变；辐射强度高，便于利用灵敏度较低而稳定性较好的抗蚀剂（光刻胶）来实现单涂层工艺；可根据掩膜材料和抗蚀剂性质选用最佳曝光波长；曝光时间短，生产效率高。但其加工时间比较长、工艺过程复杂、价格昂贵，并要求层厚大、抗辐射能力强和稳定性好的掩膜基底。

（2）准光刻-电铸-模铸复合成形加工。目前，出现了准光刻-电铸-模铸复合成形加工，采用深层刻蚀工艺，利用紫外光进行光刻，可制造非硅材料的高深宽比微结构，并可与微电子技术有较好的兼容性，虽不能达到 X 射线光刻-电铸-模铸复合成形加工的高水平，但其加工时间比较短、成本低，能够满足许多微机械的制造要求。

3）光刻-电铸-模铸复合成形技术的典型工艺过程

图 8-9 表示了光刻-电铸-模铸复合成形技术的典型工艺过程，具体流程如下。

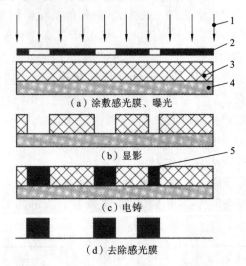

图 8-9  LIGA 的典型工艺过程

1—同步辐射 X 射线；2—工作掩膜版；3—聚甲基丙烯酸甲酯；4—金属基板；5—电铸镍

（1）涂敷感光材料。在金属基板上涂敷一层厚度为 $0.1 \sim 1$ mm 的聚甲基丙烯酸甲酯（PMMA）X 射线感光材料。

（2）曝光和显影。放置工作掩膜版，用同步辐射 X 射线对其曝光（见图 8-9(a)）。X 射线具有良好的平行性、显影分辨率和穿透性，对于数百微米厚的感光膜，其曝光精度可高于 $1 \mu m$。经显影后可在感光膜上得到所要求的结构（见图 8-9(b)）。

（3）电铸。在感光膜的结构空间内电铸镍、铜、金等金属，即可制成微小的金属结构（见图 8-9(c)）。

（4）去除感光膜。用化学方法洗去感光膜便可得到所要求的金属结构（见图 8-9(d)）。

（5）制作成品。以金属结构作为模具，即可制成要求的塑料制品，例如用这种方法可制造深度为 $350 \mu m$、孔径为 $80 \mu m$、壁厚为 $4 \mu m$ 的蜂窝微结构。

光刻-电铸-模铸复合成形技术的特点是能实现高深宽比的立体结构，突破了平面工艺的局限。虽然光刻成本较高，但它可在一次曝光下制作多种结构，应用面较广，对大量生产意义较大。

# 8.5  集成电路与印制线路板制作技术

## 8.5.1  集成电路制作技术

集成电路一般是按集成度与最小线条宽度（简称最小线宽）来分类，其中集成度是指在规定大小的一块单元芯片上所包含的电子元件数。集成电路要求在微小面积的半导体材料上能容纳更多的电子元件，以形成功能复杂而又完善的电路。电路微细图案中的最小线条宽度是提高集成度的关键技术，同时也是集成电路水平的一个标志。表 8-4 表示了各类集成电路的集成度和最小线条宽度，最小线宽越小，对微细加工的要求就越高，微细加工的难度就越大。

表 8-4　各类集成电路的集成度与最小线条宽度

| 分　类 | 参数与性能 | | |
|---|---|---|---|
| | 单元芯片上的单元逻辑门电路数 | 单元芯片上的电子元件数 | 最小线条宽度/$\mu m$ |
| 小规模集成电路(SSI) | $<10\sim12$ | $<100$ | $\leqslant8$ |
| 中规模集成电路(MSI) | $12\sim\leqslant100$ | $100\sim<1000$ | $\leqslant6$ |
| 大规模集成电路(LSI) | $>100\sim<10^4$ | $1000\sim<10^5$ | $6\sim3$ |
| 超大规模集成电路(VLSI) | $\geqslant10^4$ | $\geqslant10^5$ | $2.5\sim\leqslant0.1$ |

**1. 集成电路的主要工艺技术**

集成电路的主要工艺有外延生长、氧化、光刻、选择扩散和真空镀膜等。

(1) 外延生长。外延生长(见图 8-10(b))是在半导体晶片表面沿原来的晶体结构轴方向上生长一薄层单晶层,以提高晶体管的性能,外延层厚度一般在 10 $\mu m$ 以内,其电阻率与厚度由所制作的晶体管性能决定。外延生长的常用方法是气相法(化学气相沉积)。

(2) 氧化。氧化(见图 8-10(c))是在半导体晶片表面生成氧化膜,这种氧化物薄膜与半导体晶片附着紧密,是良好的绝缘体,可作为绝缘层(防止短路)和电容绝缘介质。常用的是热氧化法工艺。

(3) 光刻。光刻(见图 8-10(d))是在基片表面上涂覆一层光致抗蚀剂,经图形复印曝光、显影、刻蚀等处理后,在基片上形成所需精细图形。

(4) 选择扩散。基片经氧化、光刻处理后,置于惰性气体或真空中加热,并与合适的杂质(如硼、磷等)接触,在光刻中去除了氧化膜的基片表面则受到杂质扩散,形成扩散层。这种微细加工称之为选择扩散(见图 8-10(e))。扩散层的性质和深度取决于杂质种类、气体流量、扩散时间、扩散温度等因素,扩散层深度一般为 $1\sim3$ $\mu m$。

(5) 真空镀膜。真空镀膜(见图 8-10(f))是在真空容器中加热导电性能良好的金属(如金、银、铂等)使之成为蒸气原子而飞溅到基片表面,沉积形成一薄层金属膜,从而完成集成电路中的布线和引线制作。

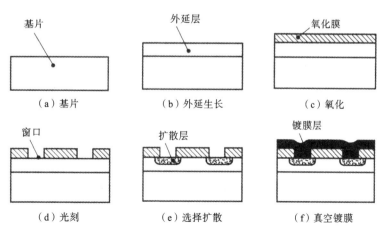

(a) 基片　　(b) 外延生长　　(c) 氧化
(d) 光刻　　(e) 选择扩散　　(f) 真空镀膜

图 8-10　集成电路中有关微细加工方法

### 2. 集成电路制作流程图

图 8-11 所示为集成电路的制作流程,可分为基片制作、基区生成、发射区生成、引线电极生成、划片、封装、老化、检验等工序。

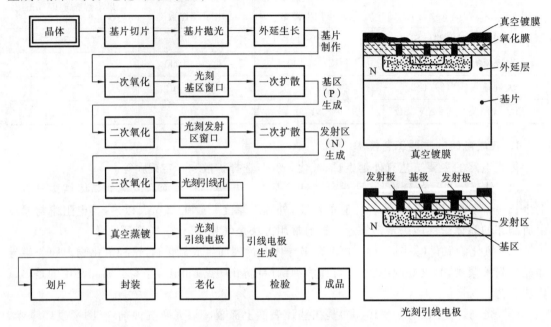

图 8-11　集成电路制作流程图

## 8.5.2　印制线路板制作技术

### 1. 印制线路板的结构和分类

印制线路板是用一块板上的电路来连接芯片、电器元件和其他设备的,由于其上的电路最早是采用筛网印制技术来实现的,因此称为印制电路板。图 8-12 表示了三种普通印制线路板,分别为单面印制线路板(见图 8-12(a))、双面印制线路板(见图 8-12(b)(c))和多层印制线路板(见图 8-12(d))。

(1)单面印制线路板。单面印制线路板是最简单的,它是在一块厚 0.25～0.3 mm 的绝缘基板上粘以一层厚 0.02～0.04 mm 的铜箔而构成。绝缘基板是通过将环氧树脂注入多层薄玻璃纤维板,经热镀或辊压的高温和高压使各层固化并硬化,形成既耐高温又抗弯曲的刚性板材,以保证芯片、电器元件和外部输入、输出装置等接口的位置和连接。

(2)双面印制线路板。双面印制线路板是在基板的上、下面均粘有铜箔,这样,两面均有电路,用于比较复杂的电路结构。

(3)多层印制线路板。由于电路越来越复杂,因此又出现了多层印制线路板,现在已可达到 16 层,甚至更多。

### 2. 印制线路板的制造

1)单面印制线路板的制造

一块单面印制线路板的制造过程可分以下几个工序。

(1)剪切,得到规定尺寸的电路板。

(2)钻定位孔。通常在板的一个对角边上钻出直径为 3 mm 的两个定位孔,以便以后在

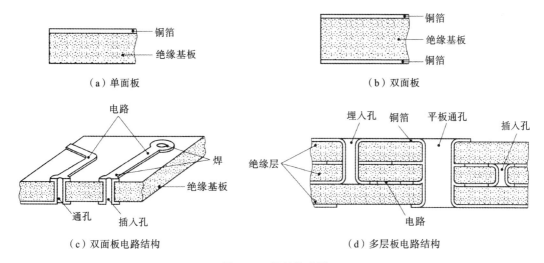

（a）单面板　　　　　　　　　　　　（b）双面板

（c）双面板电路结构　　　　　　　　（d）多层板电路结构

图 8-12　印制线路板

不同工序加工时采用一面两销定位，同时加上条形码以便识别。

（3）清洗。表面清洗去油污，以降低后续加工出现缺陷的概率。

（4）电路制作。早期的电路制作是先画出电路放大图，经照相进行精缩成要求大小的图形，作为原版。在印制线路板上均匀涂上光敏抗蚀剂，照相复制原版，腐蚀不需要的部分，清洗后就得到所需的电路。现在多采用光刻技术来制作电路，微型化和质量上均有很大提高。

（5）钻孔或冲孔。用数控高速钻床或冲床加工出通道孔、插件孔、附加孔等。

（6）镀保护层。在印制线路板的插口处，为了保证接触，通常最好镀金，而其他部分都要喷一层清漆等保护层。

（7）测试。主要是电路的通断情况检查，最好是装上芯片、电阻、电容等元件一起检查更为可靠。

2）双面印制线路板的制造

双面印制线路板的制造过程与单面印制线路板的制造过程基本相同，首先在绝缘基板的两面铜箔上做出相对位置准确的印制电路，才能保证其通孔和插入孔的位置；由于绝缘基板上加工出的孔是不导电的，因此在钻孔或冲孔后，要根据需要进行电镀通道孔或插件孔，通常用非电解电镀方法（在含有铜离子的水溶液中进行化学镀）将铜沉积在通孔内的绝缘层表面上（见图 8-12（c））。

3）多层印制线路板

多层电路板的制造是在单层电路板的基础上进行的，首先要制作单层电路板，再将它们黏合在一起而形成，图 8-12（d）所示为三层电路板，其中有通孔、埋入孔和插入孔等。多层电路板的制造关键技术包括各层板间的精密定位、各层板间的通孔连接，以及绝缘层通孔的电镀等。

# 复习思考题

1. 试论述微细加工的含义。
2. 试述微细加工与精密加工的关系。

3. 微小尺寸加工和一般尺寸加工有哪些不同？

4. 试分析微细加工中的微切削去除机理。

5. 何谓原子、分子加工单位？

6. 论述分离、结合、变形三大类微细加工方法的含义及其常用加工方法的特点和应用范围。

7. 分析附着加工、注入加工、接合加工 3 种结合加工方法的含义，它们有哪些共同点与不同点？

8. 试述光刻加工的过程。

9. 试述沉积和刻蚀多层工艺是如何得到立体结构的。

10. 试述光刻-电铸-模铸复合成形技术（LIGA）的成形方法和特点。

11. 了解集成电路制作过程，分析它与精密和超精密加工的关系。

12. 试述单面印制线路板的制作方法。

# 思政小课堂

**光刻机——精加工技术的皇冠** 光刻机（mask aligner）又名掩膜对准曝光机，属于世界顶级精密制造设备之一，世界上只有少数厂家能制造。它采用类似照片冲印的技术，把掩膜版上的精细图形通过光线的曝光印制到硅片上。高端的投影式光刻机分辨力通常在七纳米至几微米之间，世界上已有 1.2 亿美元一台的光刻机。高端光刻机号称世界上最精密的仪器，堪称现代光学工业之花，其制造难度巨大，全世界只有少数几家公司能够制造。国外品牌主要以荷兰 ASML（镜头来自德国），日本 Nikon 和日本 Canon 三大品牌为主。我国上海的 SMEE（上海微电子装备有限公司）已研制出具有自主知识产权的投影式中端光刻机，系列产品已初步实现海内外销售，且正在进行其他各系列产品的研发制作工作。2018 年中国科学院光电技术研究所完成"超分辨光刻装备研制"，光刻分辨力达到 22 纳米，结合双重曝光技术后，未来还可用于制造 10 纳米级别的芯片。

# 第9章 纳 米 技 术

## 9.1 概　　述

### 9.1.1　纳米技术的特点

纳米技术平时指对纳米级(0.1~100 nm)的材料的设计、制造、测量、控制和生产的技术。

纳米技术是科技发展的一个新兴领域,它不仅仅是将加工和测量精度从微米级提高到纳米级的问题,而是人类对自然的认识和改造方面,从宏观领域进入物理的微观领域,深入了一个新的层次,即从微米层深入到分子、原子级的纳米层次。在深入到纳米层次时,所面临的绝不是几何上的"相似缩小"的问题,而是一系列新的现象和新的规律。在这纳米层次上,也就是原子尺寸级别的层次上,一些宏观的物理量,如弹性模量、密度、温度等已要求重新定义,在工程科学中习以为常的阿基米德几何、牛顿力学、宏观热力学和电磁学都已不能正常描述纳米级的工程现象和规律,而量子效应、物质的波动特性和微观涨落等不可忽略,甚至成为主导的因素。

### 9.1.2　发展纳米技术的重要性

纳米技术的研究开发可能在精密机械工程、材料科学、微电子技术、计算机技术、光学、化工、生物和生命技术,以及生态农业等方面产生新的突破。这种前景使工业先进的国家对纳米技术给予了极大的重视,投入了大量人力物力进行研究开发。1991 年美国国家关键技术委员会将纳米技术列为政府重点支持的 22 项关键技术之一,美国国家基金会亦将纳米技术列为优先支持的关键技术,多所大学设立了纳米技术研究开发中心。2000 年美国在"国家纳米技术计划"(National Nanotechnology Initiative,NNI)的框架内,对纳米技术的投资逐年增加,2011 年,根据 NNI 战略规划的总体目标,确定了基本现象及过程、纳米材料、纳米器件及系统、设备与测量技术和标准、纳米制造、研发设施、环境和健康安全、教育和社会维度 8 大重点发展领域。英国皇家学会在 2004 年发表的研究报告"纳米科学与纳米技术:机遇与不确定性",成为纳米技术方面国际公认的一个权威报告,2010 年 3 月,英国政府出台了"英国纳米技术战略",表明了政府对于成功和安全发展纳米技术的承诺。德国在 2011 年颁布了"纳米技术行动计划 2015",计划包括 5 个行动领域,有气候/能源、健康/营养、运输、安全性和通信等,提供了一个可持续开发和使用纳米技术的新框架。德国的纳米科学研究已经达到国际领先的地位,据估计,现在美国和欧洲与纳米技术相关企业的数量几乎相当,而其中总部设在欧洲的公司中大约一半来自德国。全世界范围内已有 60 多个国家制订了各自的纳米技术研究计划,超过 4000 个公司和研究所正在开展纳米技术研究。在这些公司和研究所中,约有 1900 个属于服务行业,1000 多个公司负责生产纳米技术产品。2006 年,全世界纳米技术市场总值为3000 亿美元。

### 9.1.3　纳米技术的主要内容

纳米技术主要包括:纳米级精度和表面形貌的测量;纳米级表层物理、化学、力学性能的检测;纳米级精度的加工和纳米级表层的加工——原子和分子的去除、搬迁和重组;纳米材料;纳米电子学;纳米级微传感器和控制技术;微型和超微型机械;微型和超微型机电系统和其他综合系统;纳米生物学等。本书将重点讲述与超精密加工技术相关的内容,包括:纳米级测量和扫描探针测量技术,纳米级加工和原子操纵,微型机械、微型机电系统及其制造技术。

# 9.2　纳米级测量和扫描探针测量技术

### 9.2.1　纳米级测量方法简介

纳米级测量技术包括:纳米级精度的尺寸和位移的测量、纳米级表面形貌的测量。在纳米级测量中,常规的机械量仪、机电量仪和光学显微镜等已不能达到要求的测量分辨力和测量精度;此外,接触法测量不但不易达到要求的预期精度,而且很容易损伤被测表面。现在纳米级测量技术主要有两个发展方向,分别介绍如下。

**1. 光干涉测量技术**

该方法是利用光的干涉条纹以提高测量分辨力。可见光和紫外光的波长较长,干涉条纹间距达数百纳米,不符合测量要求。纳米级测量用波长很短的激光或 X 射线,故可以有很高的测量分辨力。光干涉测量技术可用于长度和位移的精确测量,也可用于表面显微形貌的测量。利用这种原理的测量方法有:双频激光干涉测量、激光外差干涉测量、超短波长(如 X 射线等)干涉测量、基于 F-P (Fabry-Perot)标准具的测量技术等。

**2. 扫描显微测量技术**

该方法主要用于测量表面的微观形貌和尺寸。它的原理是用极尖的探针(或类似的方法)对被测表面进行扫描(探针和被测表面不接触或准接触),借助纳米级的三维位移定位控制系统测出该表面的三维微观立体形貌。利用这原理制作的测量仪器有:扫描隧道显微镜(STM)、原子力显微镜(AFM)、磁力显微镜(MFM)、激光力显微镜(LFM)、热敏显微镜(TSM)、光子扫描隧道显微镜(PSTM)、扫描近场声显微镜、扫描离子导电显微镜等。为了对纳米级测量方法的测量分辨力、测量精度、测量范围等性能有更好的对比了解,表 9-1 中给出了几种主要的纳米级测量方法的测量性能对比。

表 9-1　几种纳米级测量方法的对比

| 测 量 方 法 | 分辨力/nm | 精度/nm | 测量范围/nm | 最大速度/(nm · s$^{-1}$) |
|---|---|---|---|---|
| 双频激光干涉测量法 | 0.600 | 2.00 | $1 \times 10^{12}$ | $5 \times 10^{10}$ |
| 激光外差干涉测量法 | 0.100 | 0.10 | $5 \times 10^{7}$ | $25 \times 10^{3}$ |
| 基于 F-P 标准具的测量法 | 0.001 | 0.001 | 5 | $5 \sim 10$ |
| X 射线干涉测量法 | 0.005 | 0.010 | $2 \times 10^{5}$ | $3 \times 10^{-3}$ |
| 衍射光学尺测量法 | 1.0 | 5.0 | $5 \times 10^{7}$ | 10 |
| 扫描隧道显微测量法 | 0.050 | 0.050 | $3 \times 10^{4}$ | 10 |

　　用双频激光干涉法测量长度和位移、用激光外差干涉法测量表面的三维微观形貌,在本书第 6 章中已有较详细的讲述,这里不再重复。下面将讲述其他几种纳米级测量技术的原理和方法。

## 9.2.2　基于 F-P 标准具的测量技术

　　基于 F-P 标准具的测量技术具有极高的灵敏度和精度,其核心部分是由两块平面度和平行度极高的平面镜构成的谐振腔。这两个平面镜有很高的反射率,只有很少部分光透过镜片输出。具有半波长 $\lambda/2$ 为腔长的整数分之一的光在腔内形成驻波,其输出得到加强。如果波长有很小变化,输出能量将急剧降低。在测量中,F-P 标准具的一块平面镜与被测物相联结,可调谐激光器出现峰值信号时,谐振频率是被测物位移的函数。对于腔长为 1 cm 的 F-P 标准具,1 nm 的位移所对应的谐振频率改变量为 47 MHz,故理论上 F-P 标准具的测量分辨力可以高达 $10^{-7}$ nm,但实际上由于各种因素的影响,只能实现 $10^{-3}$ nm 的测量分辨力。

## 9.2.3　X 射线干涉测量技术

　　X 射线干涉显微测量技术是近年新发展的纳米测量技术,是一种测量范围大,较易实现的纳米级测量方法。经早期实验证明 X 射线波长($\lambda$)的数量级为 0.1 nm,晶体中原子间距离也是这个数量级。Laue 在 1912 年建议用晶体作为 X 射线的衍射光栅,但 X 射线干涉显微测量技术则是近年才发展的。均一的单晶硅尺寸稳定,其晶格常数可以用作长度基准。将三块单晶硅片平行放置,X 射线入射第一块硅片后产生衍射,其光束分为两路,经第二块硅片再次衍射,在与被测物联结一体的第三块硅片上光束会合,产生干涉形成干涉条纹。被测物位移一个 Si(220)晶格间距 0.2 nm,干涉信号变化一个周期,由干涉条纹数和相位,可以实现 0.005 nm 分辨力的位移测量。

## 9.2.4　扫描隧道显微测量技术

### 1. 扫描隧道显微镜简介

　　扫描隧道显微镜(简称 STM)是 1981 年由两位在 IBM(International Business Machines Corporation,国际商业机器公司)瑞士苏黎世实验室工作的 G. Binnig 和 H. Rohrer 所发明。它可用于观察物体表面 0.1 nm 级的表面形貌,也就是它能观察物质表面单个原子和分子的排列状态,以及电子在表面的行为,为表面物理、表面化学、生命科学和新材料研究提供一种全新的研究方法。后来随着研究的深入,STM 还可用于在纳米尺度下的单个原子搬迁、去除、添加和重组,构造出新结构的物质。这一成就被公认为 20 世纪 80 年代世界十大科技成果之一,它的发明者因此荣获 1986 年诺贝尔物理学奖。

　　STM 的基本原理是基于量子力学的隧道效应。在正常情况下互不接触的两个电极之间是绝缘的,然而当把这两个电极之间的距离缩短到 1 nm 以内时,由于量子力学中粒子的波动性,电流会在外加电场作用下,穿过绝缘势垒,从一个电极流向另一个电极,正如不必再爬过高山,却可以通过隧道而从山下通过一样。当其中一个电极是非常尖锐的探针时,由于尖端放电而使隧道电流加大。用探针在试件表面扫描,将它"感觉"到的原子高低和电子状态的信息采集起来,通过计算机数据处理,即可得到表面的纳米级三维的表面形貌。

### 2. STM 的工作原理、方法及系统组成

　　当探针的针尖接近试件表面距离为 1 nm 左右时,将形成如图 9-1 所示的隧道结。在探针

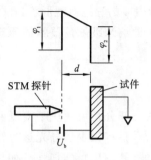

**图 9-1  STM 的隧道结示意图**

和试件间加偏压 $U_b$，隧道间隙为 $d$，势垒高度为 $\varphi$，且 $U_b < \varphi$ 时，隧道电流密度 $j$ 为

$$j = \frac{e^2}{h}\frac{k_a}{4\pi^2 d}U_b e^{-2k_o\varphi} \qquad (9.1)$$

其中

$$\varphi = \frac{(\varphi_1 + \varphi_2)}{2} \qquad (9.2)$$

式(9.1)中：$h$ 为普朗克常数；$e$ 为电子电量；$k_a$、$k_o$ 为系数。

由式(9.1)可见，针尖与试件间的距离 $d$ 对隧道电流密度 $j$ 非常敏感。对大多数金属试件，如果距离每减小 0.1 nm，则隧道电流密度 $j$ 将增加一个数量级。这种隧道电流对隧道间隙的极端敏感性就是 STM 的基础。

STM 可以有两种测量模式，等高测量模式和恒电流测量模式。

(1) 等高测量模式。这种测量模式的原理如图 9-2(a)所示，采用这种等高测量模式时，探针以不变的高度在试件表面扫描，隧道电流将随试件表面起伏而变化，因此测量隧道电流变化就能得到试件表面形貌信息。这种测量方法只能用于测量表面起伏很小(<1 nm)时的试件，且隧道电流大小与试件表面高低的关系是非线性的。由于上述限制，这种测量模式很少使用。

(2) 恒电流测量模式。这种测量模式的原理如图 9-2(b)所示。采用这种测量模式时，探针在试件表面扫描时，要保持隧道电流恒定不变，即使用反馈电路驱动探针，使探针与试件表面的距离(即隧道间隙)在扫描过程中保持不变，这时探针将跟踪试件表面的高低起伏，记录反馈的驱动信号即得到试件表面的形貌信息。这种测量模式将隧道电流对隧道间隙的敏感性转移到反馈扫描器的驱动电压与其位移间的关系上，避免了等高测量模式时的非线性，提高了纵向测量的测量范围和测量灵敏度。现在 STM 大都采用这种测量模式，其纵向测量分辨力最高可以到 0.01 nm。一般 STM 的隧道电流是通过探针尖端的一个原子，因而 STM 的横向分辨力最高可达到原子级尺寸。

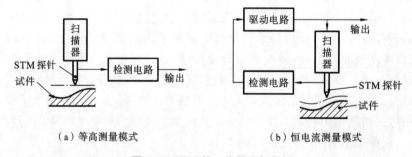

(a) 等高测量模式            (b) 恒电流测量模式

**图 9-2  STM 的工作原理框架**

获得表面微观形貌信息后，通过计算机进行信息的数据处理，最后得到试件表面微观形貌的三维图形和相应的尺寸。从上述 STM 的工作原理可知，它是由下面几部分组成：

(1) 探针和控制隧道电流恒定的自动反馈控制系统；

(2) 纳米级三维位移定位系统，以控制探针的自动升降和形成扫描运动；

(3) 信息采集和数据处理系统，主要负责计算机软件工作。

**3. STM 的探针和隧道电流控制系统**

(1) STM 的探针。探针都用金属制成，要求尖端极为尖锐。这是因为顶端尖时可以形成尖端放电以加强隧道电流,此外还希望隧道电流是通过探针顶端的一个原子流出,这样使 STM 有极高的横向分辨力。探针的制造方法包括用金属丝经电化学腐蚀,在金属丝腐蚀断裂的一瞬间切断电流,而获得极为锋锐的尖峰;另一种制造方法是金属丝(带)经机械剪切,在剪断处自然形成的尖峰,但应注意在显微镜下检查针尖,以避免尖端不尖或出现双峰。这样制成的探针,针尖曲率半径在 $30\sim50$ nm 内,最尖锐的可达到 10 nm。现在有用硬纳米管制造探针,针尖曲率半径可小到几纳米,大大提高 STM 测量的横向分辨力。

(2) STM 的隧道电流控制系统。在探针和试件间加偏压 $U_b$ 以形成隧道电流,所加偏压必须小于势垒高度 $\varphi$,一般情况所加偏压为数十毫伏。STM 大都采用恒电流测量模式,其隧道电流反馈控制系统使探针升降,以保持隧道间隙和隧道电流不变。扫描时的探针升降值,即试件表面的微观形貌高度值。

**4. STM 的使用**

(1) 探针的预调。STM 都有精密的探针预调机构,并设有低倍数的显微镜监测针尖,到探针很接近试件表面时,启动 Z 向微位移驱动系统直到探针尖有隧道电流。

(2) STM 的环境保证条件。STM 要求很好的隔振系统,以防止外界振动对测量工作的干扰。STM 工作时要求恒温和防止气流干扰,某些测量工作要求在真空条件下进行。

(3) STM 测得的表面形貌。检测时先得到表面的线扫描图,经消影和图像处理后得到被测表面的彩色立体形貌图。可以根据被测表面的不同而取不同的放大倍数,图 9-3 所示是用 STM 测得的不同放大倍数的试件表面形貌图。图 9-3(a)所示放大倍数较大,是铂晶体表面吸附碘原子的情况,可看到有一处缺了一个原子。图 9-3(b)所示是放大倍数较低时测得的某种磁性材料的表面形貌图。

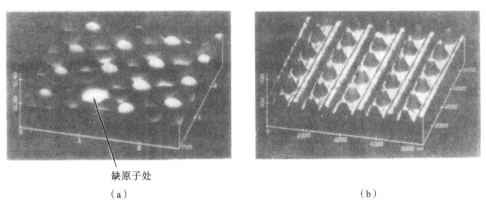

缺原子处
(a)　　　　　　　　　　　　　　　　　　　　(b)

**图 9-3　用 STM 测得的不同放大倍数的试件表面形貌**

(4) STM 的扩大应用。STM 发明后被广泛应用在多种科学研究中,使用面日益增大。并且后来发现在探针和试件间加一定的偏压,可以将试件表面的原子吸附在探针针尖上移动,使 STM 不仅用于原子级表面的测量,还可以用于试件表面原子级的加工,使 STM 的应用扩大到一个全新的宽广的领域。

## 9.2.5　微观表面形貌的扫描探针测量和其他扫描测量技术

扫描隧道显微镜虽然有极高的测量灵敏度,但它是靠隧道电流进行测量的,因此不能用于非导体材料的测量。STM 的发明者 G. Binnig 等参考扫描隧道显微镜的测量原理,于 1986 年发明了依靠探针针尖和试件表面间的原子作用力来测量的原子力显微镜(AFM)。后来又有人研制成功利用磁力、静电力、激光力等来测量的多种扫描探针显微镜,解决不同领域的微观测量问题。

**1. AFM 的测量原理**

当两原子间距离缩小到 0.1 nm 数量级时,原子间的相互作用力就显示出来。这两原子的相互作用,造成两个原子的势垒高度降低,使系统的总能量降低,于是二者之间产生吸引力。如果这两原子间的距离继续减小到原子直径时,由于原子间的电子云不相容性,因此两原子间的作用力表现为排斥力。在 AFM 中,探针与样品之间的原子间的吸引力和排斥力的典型值在 $10^{-9}$ N,即 nN 左右。

AFM 可有两种测量模式,接触测量和非接触测量。接触式测量利用原子间的排斥力,探针针尖和试件表面间距离小于 0.3 nm 时产生排斥力;非接触式测量利用原子间的吸引力,探针针尖和试件表面间距离在 0.5～1 nm。由于利用原子间排斥力的接触式测量的分辨力要高得多,可以达到原子级,因此现在 AFM 主要采用这种测量模式。AFM 的测量原理是探针扫描试件表面,保持探针与被测表面间的原子排斥力恒定,探针扫描时的纵向位移即被测表面的微观形貌。AFM 不仅可以检测非导体试件的微观形貌达原子级分辨力(纵向分辨力达 0.01～001 nm),而且可以在液体中进行检测,故现在用得较多。

**2. AFM 的结构和工作原理**

有多种方法保持探针与试件表面的原子间的排斥力恒定。常用的方法是将探针用悬臂方式装在一个微力传感弹簧片上,该弹簧片要非常软,弹性系数在 0.01～0.1 N/m 内。探针在试件表面扫描时,探针将随被测表面起伏而升降。G. Binnig 研制的 AFM 是用扫描隧道显微镜来检测探针纵向位移的,其结构原理如图 9-4 所示。从图中可看到试件装在能作三维扫描的 AFM 扫描驱动台上,AFM 探针装在软弹簧片的外端。STM 的驱动只能作纵向(一维)微进给,STM 的探针检测出 AFM 探针的弹簧片的纵向起伏运动。进行测量时,AFM 的探针被微力弹簧片压向试件表面,探针尖端和试件表面间的原子排斥力将探针微微抬起,达到力的平衡。AFM 探针在试件表面扫描时,因微力弹簧片的压力基本不变,故探针将随被测表面的起伏而上下波动,AFM 探针弹簧片后面的 STM 探针和弹簧片间产生隧道电流,控制隧道电流不变,则 STM 的探针和 AFM 的探针将作同步的纵向位移运动,即可测出试件表面的微观形貌。

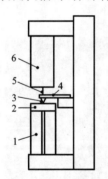

**图 9-4　AFM 的结构原理**
1—AFM 扫描驱动台;2—试件;
3—AFM 探针;4—微力弹簧片;
5—STM 探针;6—STM 驱动平台

现在有多种方法测量 AFM 探针和弹簧片的位移值,如使用位敏光电元件、激光法、电容法等,其中激光反射偏移法因灵敏度高用得较多。微力弹簧将探针压向试件表面的力甚小,在 $10^{-9}$ N 左右,因弹簧力不超过原子间排斥力,故不会划伤试件表面。

**3. 其他扫描探针显微镜和多功能扫描探针显微镜**

AFM 测量工作时,针尖和试件原子间的相互作用力不仅有相互吸引力和相互排斥力,同时还存在毛细力、摩擦力、磁力、静电力、化学力,等等。其中摩擦力、磁力、静电力、化学力等,在特定的场合,是非常重要的性能参数,于是又发展了新的摩擦力显微镜(FFM)、磁力显微镜(MFM)、静电力显微镜(EFM)、化学力显微镜(CFM)等。这些显微镜检测工作时,都是用探针进行扫描检测的,故又统称扫描探针显微镜(SPM)。

摩擦力显微镜(FFM)的发展和应用,使新的纳米摩擦学获得了迅速的发展。磁力显微镜(MFM)的发展和应用,对迅速发展的磁性材料的磁性能检测和磁记录技术的发展,起到积极的推动作用。化学力显微镜(CFM)的发展和应用对化学变化机理的研究,发挥了重要作用。这些新出现的显微镜,如 FFM、MFM、EFM、CFM 等都是用测量针尖和试件间作用力来检测的,因此这些显微镜有很多部分,如探针尖受力检测的力测量系统、扫描运动系统、电路控制系统、信号检测处理系统等,都是基本相同可以通用的。因此就出现了多功能扫描探针显微镜,只要更换 SPM 的部分部件(更换测量头部分),就能用作不同功能的显微镜,如可用作 STM、AFM、FFM、MFM、LFM、CFM 等。这样,一个实验室有了一台多功能 SPM 和附带的配件后,就相当于有了多台不同功能的显微镜,大大节省了购置仪器设备的费用。

## 9.3　纳米级加工和原子操纵

### 9.3.1　纳米级加工的物理实质分析

纳米级加工的物理实质和传统的切削、磨削加工有很大不同,一些传统的切削、磨削方法和规律已不能用在纳米级加工中。

欲得到 1 nm 的加工精度,加工的最小单位必然在亚纳米级。由于原子间的距离为 $0.1 \sim 0.3$ nm,纳米级加工实际上已到加工精度的极限。纳米级加工中试件表面的一个个原子或分子将成为直接的加工对象,因此纳米级加工的物理实质就是要切断原子间的结合,实现原子或分子的去除。各种物质是以共价键、金属键、离子键或分子结构的形式结合而组成,要切断原子或分子的结合,就要研究材料原子间结合的能量密度,切断原子间结合所需的能量,必然要求超过该物质的原子间结合能,因此需要的能量密度是很大的。表 9-2 中是不同材料的原子间结合能密度。在机械加工中工具材料的原子间结合能必须大于被加工材料的原子间结合能。

表 9-2　不同材料的原子间结合能密度

| 材　　料 | 结合能/(J·cm$^{-3}$) | 备　　注 | 材　　料 | 结合能/(J·cm$^{-3}$) | 备　　注 |
|---|---|---|---|---|---|
| Fe | $2.6 \times 10^3$ | 拉伸 | SiC | $7.5 \times 10^5$ | 拉伸 |
| SiO$_2$ | $5 \times 10^2$ | 剪切 | B$_4$C | $2.09 \times 10^6$ | 拉伸 |
| Al | $3.34 \times 10^2$ | 剪切 | CBN | $2.26 \times 10^8$ | 拉伸 |
| Al$_2$O$_3$ | $6.2 \times 10^5$ | 拉伸 | 金刚石 | $5.64 \times 10^8 \sim 1.02 \times 10^7$ | 晶体的各向异性 |

在纳米级加工中需要切断原子间结合,故需要很大的能量密度,为 $10^5 \sim 10^6$ J/cm$^3$。传统的切削、磨削加工消耗的能量密度较小,实际上是利用原子、分子或晶体间连接处的缺陷而进行加工的。用传统切削、磨削加工方法进行纳米级加工,要切断原子间的结合就相当困难了。因此直接利用光子、电子、离子等基本粒子的加工,必然是纳米级加工的主要方向和主要方法。但纳米级加工要求达到极高的精度,使用基本粒子进行加工时,如何进行有效的控制以达到原子级的去除,是实现原子级加工的关键。近年来纳米级加工有很大的突破,例如用电子束光刻加工超大规模集成电路时,已实现 $0.1$ μm 线宽的加工;离子刻蚀已实现微米级和纳米级表层材料的去除;扫描隧道显微技术已实现单个原子的去除、搬迁、增添和原子的重组。纳米加工技术现在已成为现实的、有广阔发展前景的全新加工技术。

### 9.3.2　纳米级加工精度

纳米级加工精度包含:纳米级的尺寸精度、纳米级的几何形状精度、纳米级的表面质量。对不同的加工对象这三方面有所偏重。

**1. 纳米级的尺寸精度**

(1) 较大尺寸的绝对精度很难达到纳米级。零件材料的稳定性、内应力、本身重量造成的变形等内部因素和环境的温度变化、气压变化、测量误差等都将产生尺寸误差。因此现在不采用标准尺为长度基准,而采用光速和时间作为长度基准。1 m 长的实用基准尺,其精度要达到绝对长度误差 $0.1~\mu m$ 已经是非常不易了。

(2) 较大尺寸的相对精度或重复精度达到纳米级。这在某些超精密加工中会遇到,如某些特高精度孔和轴的配合、某些精密机械精密零件的个别关键尺寸、超大规模集成电路制造过程中要求的重复定位精度等,现在使用激光干涉测量和 X 射线干涉测量法都可以达到 $0.1~\mu m$ 级的测量分辨力和重复精度,可以保证这部分加工精度的要求。

(3) 微小尺寸加工达到纳米级精度。这是精密机械、微型机械和超微型机械中遇到的问题,无论是加工还是测量都需要继续研究发展。

**2. 纳米级的几何形状精度**

这在精密加工中经常遇到,例如精密轴和孔的圆度和圆柱度;精密球(如陀螺球、计量用标准球)的球度;制造集成电路用的单晶硅基片的平面度;光学、激光、X 射线的透镜和反射镜等的要求非常高的平面度或是要求非常严格的曲面形状。因为这些精密零件的几何形状直接影响它的工作性能和工作效果。

**3. 纳米级的表面质量**

表面质量不仅仅指它的表面粗糙度,还包含其内在的表层的物理状态,如制造超大规模集成电路的单晶硅基片,不仅要求很高的平面度、很小的表面粗糙度和无划伤,而且要求无表面变质层(或极小的变质层),无表面残留应力、无组织缺陷。高精度反射镜的表面粗糙度、变质层会影响其反射效率。微型机械和超微型机械的零件对其表面质量亦有极严格的要求。

### 9.3.3　使用 SPM 进行原子操纵

**1. 用 STM 搬迁拖动原子和分子**

(1) 用 STM 搬迁移动气体 Xe 原子。1900 年美国 IBM 的 D. Eigler 等在超真空和液氦温度(4.2 K)的条件下,用 STM 将吸附在 Ni(110)表面的惰性气体氙(Xe)原子,逐一拖动搬迁,用 35 个 Xe 原子排成 IBM 三个字母。每个字母高 5 nm,原子间距离 1 nm,如图 9-5 所示。该方法是将 STM 的探针靠近试件表面吸附的 Xe 原子,原子间的吸引力使 Xe 原子随探针的水平移动而拖动到要求的位置。这是人类首次实现单原子操纵,可控地移动 Xe 原子构成要求的图像。

(2) 用 STM 搬迁移动金属 Fe 原子。使用 STM 还可以搬迁移动表面吸附的金属原子。1993 年 D. Eigler 等又实现了在单晶铜 Cu(111)表面上吸附的 Fe 原子的搬迁移动,将 48 个 Fe 原子移动围成一个直径为 14.3 nm 的圆圈,相邻两个铁原子间距离仅为 1 nm。这是一种人工的围栏,把圈在围栏中心的电子激发形成美丽的"电子波浪",如图 9-6 所示。它使人们能直观地看到电子态密度的分布,证明了量子力学中电子能量分布的一个重要定律,由于它的重要科学意义,美国的 *Physics Today* 杂志 1993 年 11 月号的封面上就刊登这个"美丽圆形的皇冠样"图形。

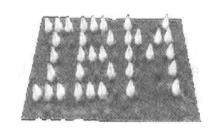

图 9-5　搬迁 Xe 原子写成 IBM 字图像

图 9-6　搬迁 Fe 原子形成的量子围栏

完成上述工作后,D. Eigler 等又在铜 Cu (111)表面上成功地移动了 101 个吸附的 Fe 原子,写成中文的"原子"两个字(见图 9-7)。这是首次用原子写成的汉字,也是世界上最小的汉字。

(3) 用 STM 搬迁 CO 分子。1991 年美国 D. Eigler 等人实现了使用 STM 移动在铂单晶表面上吸附的 CO 分子,将 CO 排列构成一个身高仅 5 nm 的世界上最小的"人"的图像,如图 9-8 所示。这图像中的 CO 分子间距离仅为 0.5 nm,人们称它为"一氧化碳小人"。

图 9-7　搬迁 Fe 原子写成中文"原子"

图 9-8　搬迁 CO 分子画成小人图像

### 2. 用 STM 去除原子

(1) 从 $MoS_2$ 试件表面去除 S 原子。1991 年日本日立公司中央研究实验室(HCRL)的 S. Hosoki 等人,成功地在 $MoS_2$ 表面去除 S 原子,并用这种去除 S 原子留下空位的方法,在 $MoS_2$ 表面上用空位写成"PEACE'91HCRL"的字样,如图 9-9 所示。写成的字甚小,每个字母的尺寸不到 1.5 nm,至今仍保持着最小字的世界纪录。这方法是将 STM 的针尖对准试件表面某个 S 原子,施加电脉冲而形成强电场,使 S 原子电离成离子而逸飞,留下 S 原子的空位。

(2) 在单晶 Si 表面去除 Si 原子。Si 是制造集成电路的基体材料,对硅表面进行原子操纵修饰具有重要意义。黄德欢用 STM 在 Si(111)-7×7 表面上去除 Si 原子。将 STM 针尖对准 Si 晶体表面某个预定的 Si 原子,施加一个 −5.5 V、10 ms 的电脉冲,使 Si 原子被离子化而蒸发去除。图 9-10(a)所示是原来的 Si 表面的图像,图 9-10(b)所示是 Si 原子被去除后的图像。

### 3. 使用 STM 在试件表面放置增添原子

(1) 将 STM 针尖的原子放置增添到试件表面。1998 年黄德欢成功地将 Pt 针尖原子放置到 Si(111)-7×7 试件表面,形成 Pt 的纳米点。先将 STM 的 Pt 针尖移到非常接近试件表面的位置,施加一个 3.0 V、10 ms 的电脉冲,针尖试件间的电流急剧增加使针顶尖温度迅速升高并熔化,Pt 原子留在试件表面形成多原子的 Pt 纳米点,直径约为 1.5 nm,如图 9-11 所示。

图 9-9　在 MoS₂ 表面去除 S 原子并用
空位写成 PEACE'91 HCRL

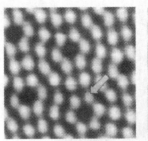

（a）Si原子去除前　　　　（b）Si原子去除后

图 9-10　在 Si(111)-7×7 表面上去除 Si 原子

（2）从试件表面摄取原子并放置到试件表面预定的位置。用 STM 从试件表面摄取原子，使该原子暂时吸附在针尖表面，移动针尖，然后将该原子放置到试件表面的预定位置。应注意这种操纵原子的方法，是完全不同于用针尖拖动表面吸附原子的方法。现以摄取和放置 Si 原子为例来说明此方法。首先用 STM 的 W 针尖从 Si(111)-7×7 表面提取 Si 原子，并使 Si 原子吸附在 W 针尖表面。在针尖和试件间加偏压，使吸附在 W 针尖的 Si 原子扩散到针尖的最顶端，并被电场蒸发而放置到试件表面预定的位置。可以用这种放置原子的方法，来修复试件表面缺陷，但必须精确控制放置的单个原子的位置。

（3）向试件表面放置异质材料的原子。这种方法第一步用电脉冲将新原子吸附到针尖表面，第二步再用电脉冲将针尖表面吸附的原子放置到试件表面。这个针尖表面吸附的新材料原子，可以是先吸附在针尖表面上的，也可以是在操纵过程中临时从周围环境（如周围的气体或液体）中摄取而吸附到针尖表面的。图 9-12 所示是黄德欢用放置 H 原子法制成的微结构图形，STM 的钨探针自周围的氢气中提取氢原子，并吸附到针尖表面，再用电脉冲连续将 H 原子放置到 Si(111)-7×7 表面，Si 表面上的异质 H 原子绘成了图中黑色线条的三角形图形。

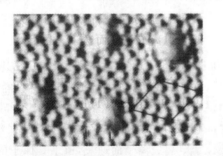

图 9-11　用 Pt 针尖在 Si (111)-7×7 表面放置
Pt 原子，形成 Pt 纳米点

图 9-12　在 Si(111)-7×7 表面连续
放置 H 原子

### 9.3.4　使用 SPM 加工微结构

**1. 使用 AFM 的探针直接进行雕刻加工微结构**

AFM 使用的高硬度金刚石或 Si₃N₄ 探针尖，可以对试件表面直接进行刻划加工。改变 AFM 针尖作用力大小可控制刻划深度（深的沟槽可数次刻划），按要求结构图形进行扫描，即可刻划出要求的图形结构。用 AFM 探针可以刻划出极小的三维立体图形结构，图 9-13 所示为哈尔滨工业大学纳米技术中心用 AFM 刻划加工出的 HIT 图形结构，该微结构具有较窄而深的沟槽。用这种方法可以雕刻出凹坑和其他较复杂立体微结构。这种方法的缺点是试件材料不能太硬,且探针尖易于磨损。

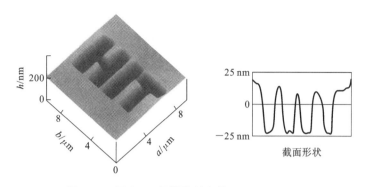

**图 9-13　用 AFM 探针雕刻出的 HIT 图形结构**

### 2. 用 AFM 进行电子束光刻加工

用 AFM 可进行光刻加工,使用导电探针并在探针和试件间加一定的偏压(取消针尖和试件间距离的反馈控制)使其产生隧道电流(即电子束),由于探针极尖锐,控制偏压大小,可以使针尖处的电子束聚焦到极细,该电子束使试件表面光刻胶局部感光,去除未感光的光刻胶,进行化学腐蚀,即可获得极精微的光刻图形。图 9-14 所示为美国斯坦福大学 C. F. Quate 等用 AFM 对 Si 表面进行光刻加工所获得的连续纳米细线微结构。实验中 AFM 电子束的发射电流为 50 pA,获得的纳米细线宽度为 32 nm,刻蚀深度为 320 nm,高宽比达到 10 : 1。美国 IBM 的 M. Cord 等用 AFM 在 Si(硅)表面进行光刻加工,获得线条宽仅为 10 nm 的图形。

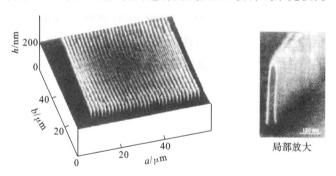

**图 9-14　在硅表面用 AFM 光刻得到的纳米细线结构**

### 3. 用 SPM 进行局部阳极氧化法加工微结构

使用 SPM 对试件表面进行局部阳极氧化的原理见图 9-15。在反应过程中,针尖和试件表面间存在隧道电流和电化学反应产生的法拉第电流。电化学阳极反应中针尖取阴极,试件表面取阳极,吸附在试件表面的水分子($H_2O$)提供氧化反应中所需的 $HO^-$ 离子。阳极氧化区的大小和深度,受到针尖的尖锐度、针尖和试件间偏压的大小、环境湿度,以及扫描速度等因素的影响。控制上述因素,可以加工出很细并且均匀的氧化结构。

图 9-16(a)所示为 H. Dai 等用 STM 在氢钝化的 Si 表面,用阳极氧化法加工出的 $SiO_2$ 细线结构。实验中用的探针尖为多壁碳纳米管,针尖的负偏压为 $-15 \sim -7$ V,得到的 $SiO_2$ 细线宽度为 10 nm,细线距离为 100 nm,图 9-16(b)中是用这种方法加工成的 $SiO_2$ 细线组成的 NANOTUBE 和 NANOPENCIL 等甚小的英文字。中科院真空物理重点实验室用 STM 在 P

型Si(111)表面,用阳极氧化法制成的 SiO₂ 的中科院院徽图形的微结构,如图 9-16(c)所示。

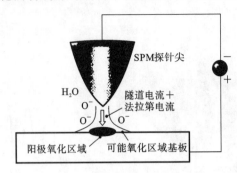

**图 9-15　用 SPM 对试件表面进行局部阳极氧化原理**

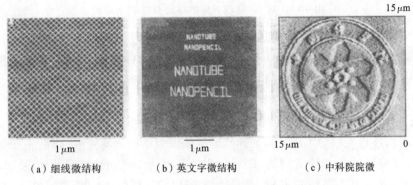

（a）细线微结构　　　　（b）英文字微结构　　　　（c）中科院院微

**图 9-16　Si 表面阳极氧化成 SiO₂ 的微结构**

#### 4. 用 SPM 进行纳米点沉积加工微结构

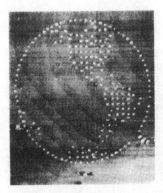

**图 9-17　Au 纳米点在金表面形成的西半球地图**

前面已讲过,在一定的脉冲电压作用下,SPM 针尖材料的原子可以迁移沉积到试件表面,形成纳米点。改变脉冲电压和脉冲次数,可以控制形成的纳米点的尺寸大小。H. Mamin 等用 Au 针尖的 STM 在针尖加 $-4 \sim -3.5$ V 的电压脉冲,在黄金表面沉积加工出直径为 $10 \sim 20$ nm,高 2 nm 的 Au 纳米点,用这些 Au 纳米点,描绘出直径约 1 μm 的西半球地图,如图9-17所示。这是用贵金属黄金制成的最小的世界地图。

#### 5. 用 SPM 连续去除原子加工微结构

（1）在 Si 表面连续去除 Si 原子获得原子级平直纳米细沟。中科院真空物理重点实验室使用 STM,加大直流偏压,在 Si(111)-7×7 表面去除 Si 原子,获得原子级平直沟槽,沟宽2.33 nm,如图 9-18(a)所示。但去除 Si 原子必须沿平行于晶体基矢方向进行,才能获得原子级平直沟槽,否则沟槽的边界粗糙,且不是稳定结构。

（2）在 Si 表面连续去除 Si 原子形成沟槽加工微结构图形。1994 年中科院真空物理重点实验室庞世谨等,为纪念毛泽东诞辰一百周年,在 Si(111)-7×7 表面用 STM 针尖连续加电脉冲,移走 Si 原子形成沟槽,写出"中国"字样(见图 9-18(b)),此外还写出"毛泽东""100"等字的图形结构,为此新华社发表了"搬动原子写中国"的报道。该项原子操纵技术成果,还被科学院和工程院两院院士评为 1994 年我国十大科技进展之一。

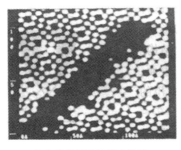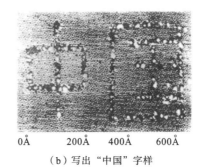

（a）获得原子级平直沟槽　　　　（b）写出"中国"字样

图 9-18　在 Si 表面连续去除 Si 原子形成微结构

### 6. 用 SPM 针尖电场聚集原子组装成三维立体微结构

在温度升高后，SPM 针尖下的强电场可以将试件表面的原子聚集到针尖下方，聚集自组装成三维立体微结构。日本电子公司 M. Iwatsuki 等通过增大 STM 针尖和试件 Si(111) 表面之间的负偏压，并控制环境温度在 600 ℃ 高温条件下，试件表面的 Si 原子在针尖强电场的作用下聚集到 STM 的针尖下，自组装形成一个纳米尺度的六边形 Si 金字塔，如图 9-19 所示。此微型六边形金字塔塔底的直径约为 80 mm，高度约为 8 nm。

美国惠普公司利用 STM 将分布在 Si 基材表面上的 Ge 原子集中到针尖下，实现 Si 表面上的 Ge 原子搬迁而形成三维立体结构，这些 Ge 原子自组装形成四边形金字塔形微结构，如图 9-20 所示。该 Ge 原子组成的微型金字，塔底宽约 10 nm、高约 1.5 nm。这是用 SPM 针尖的电场将 Si 表面的异质 Ge 原子集中到一起，自组装形成的微型三维立体结构。

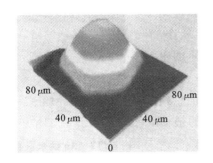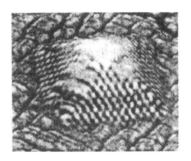

图 9-19　自组装形成的 Si 六边形金字塔　　　图 9-20　在 Si 基材表面自组装形成 Ge 原子的四边形金字塔

### 7. SPM 使用多针尖加工

用 SPM 虽可加工其他方法无法加工的微结构，但效率很低，而且最大加工尺寸受到限制。最近国外采用多针尖的 SPM 进行纳米级精密加工，能提高加工效率和扩大加工尺寸范围。要使多针尖能同时工作，必须各针尖能独立自主工作，因此各针尖的微悬臂上都带各自的偏转传感器和独立的扫描器。各针尖可以互不干扰地独立进行扫描工作，相当于几台 SPM 同时在工作，成倍地提高了 SPM 工作效率。SPM 的多针尖是平行排列成为阵列，各针尖间的距离一般等于每个针尖的最大扫描距离，故各针尖的扫描区域正好相互衔接，扩大成为一个整体，使 SPM 的最大加工尺寸范围扩大多倍。图 9-21 所示是美国 Stanford 大学研制成功的带 5 个针尖的 5×1 平行阵列微悬臂结构，各微悬臂都带有 Si 压敏电阻偏转传感器和 ZnO 压电扫描器，故 5 个针尖可同时独立进行扫描工作，针尖间距离为 100 $\mu$m，每个针尖的扫描范围也是 100 $\mu$m，5 个针尖同时工作，最大加工尺寸达到 500 $\mu$m，加工效率和最大加工尺寸都是单针尖的 5 倍。

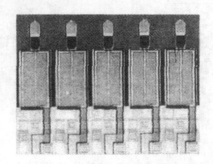

图 9-21　带独立偏转传感器和扫描器的 5×1 微悬臂阵列

# 9.4　微型机械、微型机电系统及其制造技术

## 9.4.1　微型机械、微型机电系统

### 1. 微型机械、微型机电系统的理论和技术特点

微型机械和微型机电系统是纳米技术未来走向实用化、产生经济效益的主要领域之一。

微型机械根据其特征尺寸可以划分成三个等级:1 nm～1 μm 的是纳米机械,1 μm～1 mm 的是微型机械,1～10 mm 的是小型机械。但广义的微型机械是包含上述三个等级的微小机械。微型机电系统(MEMS)是将微型机械、信息输入的传感器、控制器、微型机械机构等都微型化并集成在一起的微系统。它有较强的独立运行能力,并有能完成规定工作的功能。

机构微型化以后,由于尺寸缩小到微米和纳米尺度,许多物理现象与宏观世界有很大不同,原来宏观世界中的各种基础规律,如力学、运动学、热力学、流体力学等,到微观世界都将不再适用。由于原子间的作用力起主导作用,宏观力学规律将被量子力学规律所代替。随着机构尺寸的微型化,特别是尺寸到纳米尺度后,一些新的物理力学规律将起主导作用。

随着器件特征尺寸 $L$ 的变小,在进入微小尺寸领域后,它对各种物理特征变化的影响程度是各不相同的。惯性力和电磁力大小受器件特征尺寸 $L$ 影响很大,体积和质量大小受器件特征尺寸 $L$ 影响次之,表面积和弹性力大小受器件特征尺寸 $L$ 影响较小,热传导和表面张力大小受器件特征尺寸 $L$ 影响最小。在微尺寸领域内,各种物理量起作用的大小和在宏观世界中有很大不同。因此微型机械绝不是普通机械按比例的缩小,而是新的设计,有时甚至是新工作原理的全新设计。

微结构的机械特性很大程度上依赖材料的物理特性,机械性能的计算虽仍采用原来的公式,但由于微尺度效应,各种物理特性对微结构的影响较普通机构有较大改变。微型机械和微型机电系统由于其工作的特点,不仅在使用结构材料时有其特殊要求,而且大量使用各种功能材料。常用的结构材料有:单晶硅和多晶硅、$Si_3N_4$、不锈钢、钛合金、陶瓷、有机聚合物等。常用的功能材料有:单晶硅、记忆合金、压电材料、热敏双金属等。

### 2. 微型机械构件、微型功能部件和微型机械

(1)微型机械构件。现在已研制成功多种三维微型机械构件,如:微膜、微梁、微针、微齿轮、微凸轮、微弹簧、微喷嘴、微轴承等。已制成直径为 20 μm、长 150 μm 的铰链连杆,210 μm×100 μm 的滑块机构,直径为 50 μm 的旋转关节,微型齿轮驱动的滑块等。

（2）微型传感器。现在已研制成功多种微型传感器，其敏感量为：位置、速度、加速度、压力、力、力矩、流量、磁力、温度、气体成分、湿度、pH 值、离子浓度，等等。

微加速度传感器有多种不同结构，其中微硅加速度计体积小、集成制造、工作可靠、可在很高的加速度下工作，现有多个公司生产尺寸极小的微硅加速度计。

（3）微型致动器。微型致动器一般是接收微传感器输出的信号（电、光、热、磁等）而作出响应，给出如力、力矩、尺寸变化、状态变化或各种运动。利用微型致动器可以完成由微传感器控制的预先设定的各种操作。

1989 年美国加州大学伯克利分校研制成功转子直径为 $60\ \mu m$ 的静电电动机，曾轰动一时。我国清华大学已研制成功硅基集成微静电电动机，其转子半径为 $40\ \mu m$，转子和定子由厚度为 $4.2\ \mu m$ 的多晶硅膜制成，驱动电压为 $50\sim176$ V，最高转速约 $600$ r/min。

**3. 微型机电系统**

（1）专用集成微型机电系统。微型机电系统的发展也是由低到高，由简单到复杂。专用集成微型仪器（ASIM）是简单但完整的微型机电系统，已在机电控制、微电子技术、航空、航天、尖端技术中得到较广泛的应用。它是为了特定的用途，将若干简单微型机电系统的部件组装在一块硅基片上，或者说它相当于若干微型基本模块的组合件。由于它的用途单一，仅能完成某项特定的功能，因此系统相对要简单些，体积小、工作可靠。

（2）微型惯性仪表。微型惯性仪表是三向微型加速度表和微型陀螺仪等的集成，是高技术水平的微型机电系统，大量应用在航空航天领域，因而迫切需要微型化和减轻质量。现已有多种微型加速度计、微型陀螺微硅加速度计阵列系统等，还有将 $X、Y、Z$ 方向的 3 个微加速度表、3 个微陀螺仪和相应的处理电路集成在一个芯片上组成的微型惯性仪表系统。

（3）微型机器人。微型机器人是能自己行动的微型机电系统，近年来发展迅速，已研制成多种不同功能的微型机器人，以满足不同领域的要求。图 9-22(a)所示是瑞士 EPFL(洛桑联邦理工学院)自动化系统实验室 1999 年研制成功的微型轮式机器人小车，可看到它的体积甚小，比一个大蚂蚁大不了多少。该小车可以按设定的程序走规定的曲折路程，自动变速并转弯。图 9-22(b)所示是美国 Sandia 国家实验室 2001 年研制成的侦察用履带式微型机器人小车，它可在不平的地面行走。该微型车体积约为 $4.1$ cm³，质量小于 $28.4$ g，车上装备了微型数码照相机、微型信息传输系统，能将侦察到的信息输送回指挥控制中心，由于它体积小、隐蔽性好，因此能进入狭小的通道空间。此外还有用脚行走的微型机器人、微型管道机器人等。

（a）轮式小车　　　　　　　　　　（b）履带式小车

**图 9-22　微型机器人小车**

（4）微型飞行器。微型飞行器是包含多个子系统的复杂微型机电系统，由于国防和尖端技术的需要，近年发展极为迅速。国外已制成多种微型飞行器作为侦察传递信息之用，其中质量为千克量级者，已经实际使用。例如，质量约 2.3 kg 的龙眼微型飞机，是一种全自动、可返回、手持发射的微型飞机，2003 年美国在伊拉克战争中已将其实际应用于侦察。质量小于 50 g 的微型飞行器，因受飞行动力学限制，外形已和普通飞机显著不同，这类微型飞行器不少单位在研制，但离实用尚远。图 9-23（a）中是美国国家航空航天局（NASA）研制的微型飞行器，质量约 50 g，机翼制成类似飞碟的圆盘状。质量在 15 g 以下的最小量级微型飞行器，只能制成直升机型或扑翼式。图 9-23（b）所示是日本精工爱普生（Seiko Epson）公司 2004 年 8 月展示的直升机型微型飞行器，它质量为 12.3 g，长 85 mm，受一台使用蓝牙无线电技术的计算机控制，机上载有一台 32 位的微控制器、超薄发动机、微型数码相机和能发射简单图像信息的传输系统。

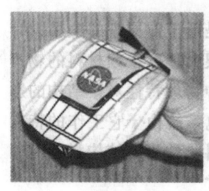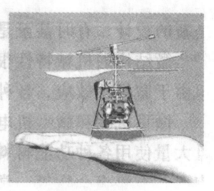

（a）NASA微型飞行器　　　　　　　（b）Seiko Epson直升机型微型飞行器

图 9-23　微型飞行器

（5）微型小卫星。微型机电系统极好地应用在微型小卫星的设计制作过程中，卫星上都装有多套微型机电系统。现在国际上正在研制的小型卫星质量为 10～100 kg，纳米卫星质量将小于 1 kg。中国亦开展了微型小卫星的研制发射工作。清华大学和英国合作研制的"航天清华一号"微型实验卫星，质量为 20 kg，于 2000 年成功发射。哈尔滨工业大学研制成功的小型卫星，质量为 204 kg，于 2004 年 4 月 20 日成功发射。

### 9.4.2　微型机械和微型机电系统的制造技术

微型机械和微型机电系统在国防和航空航天要求的促进下，日益受到重视。但微型机械和微型机电系统的制造有很大难度，这已成为发展微型机械和微型机电系统的首要问题。

**1. 微型机械和微型机电系统制造技术的特点**

微型机械和微型机电系统目前的尺寸为微米级、纳米级甚至更小。由于尺寸已经减小到极小的尺度，高精度的制造和装配都极为困难。传统的"宏"机械制造技术已不能满足微型机构和微型系统的加工要求，要求使用新的加工技术和方法。

微型机电系统将微型机械机构和微电子系统集成在一起，经常是把几个系统集成在一块硅基片上，或是把几个带有集成系统的硅基片键合而集成在一起，成为多功能的复合微型机电系统。为加工微型器件，已开发了新的微型精微机械加工和微细加工设备和工艺，并采用能束加工、精密电铸、电化学加工等新加工技术和方法。此外还专门为微型机械和微型机电系统的加工制造,发展了新的加工制造技术,如立体光刻、LIGA 技术、牺牲层工艺技术等。

当前微型机械和微型机电系统使用的有特点的制造工艺技术主要有:① 大规模集成电路制造技术的引用;② 薄膜制造技术;③ 光刻技术,包括平面光刻和立体光刻;④ LIGA 制造工艺技术;⑤ 牺牲层工艺技术;⑥ 基板的键合技术;⑦ 精微机械加工技术;⑧ 精微特种加工技术;⑨ 装配技术;⑩ 封装技术。表 9-3 归纳了上述精微加工方法及其加工特征。

**表 9-3　微型机械与微型机电系统中使用的精微加工方法及其加工特征**

| 加工技术 | | 加工材料 | 批量生产 | 集成化 | 加工自由度 | 加工厚度 | 加工精度 |
|---|---|---|---|---|---|---|---|
| 硅工艺 | 硅-表面光刻 | 单晶硅,多晶硅 | ◎ | ◎ | 2 维 | 数 $\mu m$ | ≈0.2 $\mu m$ |
| | 硅-立体光刻 | 单晶硅,石英 | ○ | ○ | 3 维 | 50 $\mu m$ | ≈0.5 $\mu m$ |
| | 硅蚀除工艺 | 单晶硅 | ◎ | ○ | 2.5 维 | 20 $\mu m$ | ≈0.2 $\mu m$ |
| | 外延生长,氧化掺杂扩散,镀膜 | 单晶硅 | ◎ | ◎ | — | 数 $\mu m$ | ≈0.2 $\mu m$ |
| LIGA 工艺 | | 金属,塑料,陶瓷 | ○ | △ | 3 维 | 1 mm | ≈1 $\mu m$ |
| 准 LIGA 工艺 | | 金属 | ○ | ○ | 2.5 维 | 150 $\mu m$ | ≈1 $\mu m$ |
| 能束加工 | | 金属,半导体,塑料 | ○ | △ | 3 维 | 100 $\mu m$ | ≈1 $\mu m$ |
| 激光加工 | | 金属,半导体,塑料 | △ | △ | 3 维 | 100 $\mu m$ | ≈1 $\mu m$ |
| 电火花线切割加工 | | 金属等导电材料 | △ | × | 3 维 | 数 mm | ≈1 $\mu m$ |
| 光成型加工 | | 塑料 | ○ | × | 2.5 维 | 数十 mm | ≈2 $\mu m$ |
| SPM 加工 | | 原子,分子 | × | × | 2 维 | 原子,nm | ≈1 nm |
| 键合加工 | | 硅,石英,玻璃,陶瓷 | ○ | × | 2 维 | — | — |
| 封装 | | 硅,塑料 | ◎ | ○ | — | — | — |

注:◎良好;○一般;△稍差;×不可

下面将分别介绍上述制造微型机械和微型机电系统的主要精微加工工艺技术。

**2. 立体光刻技术**

大规模集成电路的成熟光刻技术只能用于加工硅的平面图形(刻蚀厚度小于 1 $\mu m$),硅晶体必须使用各向异性刻蚀的立体光刻加工技术,才能得到微型机械和微型机电系统中要求的三维立体微型结构。立体光刻加工技术是利用单晶硅晶体具有各向异性的特点,当单晶硅的不同晶面在特定的腐蚀剂下作用时,(100)、(110)、(111)晶面的蚀刻速率比大致为 400∶100∶1,因此可以应用各向异性刻蚀法加工立体微硅器件。

硅晶体进行各向异性刻蚀时,可刻蚀的晶面为(100)和(110)晶面,这两个晶面经各向异性刻蚀后,得到的基本刻蚀形状是不同的。各向异性刻蚀在自由刻蚀状态下,终止的面都是(111)晶面。因被刻蚀的(100)、(110)晶面和晶体内的(111)晶面的相互位置不同,得到的各向异性刻蚀结构形状也就不同。在相同掩膜形状时,图 9-24(a)所示是(100)晶面各向异性刻蚀后的槽形,图 9-24(b)所示是(110)晶面各向异性刻蚀后的槽形。设计硅微结构时,如果硅晶体准备用各向异性刻蚀方法制造,则必须考虑晶面和晶体方向,使刻蚀后能得到需要的微型结构形状。

在用硅晶体各向异性刻蚀制造立体微型结构时,常和其他工艺结合进行。如在硅晶体衬

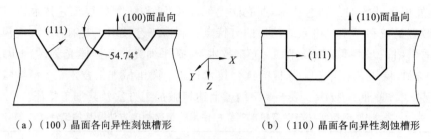

（a）（100）晶面各向异性刻蚀槽形　　　　　　　（b）（110）晶面各向异性刻蚀槽形

图 9-24　不同晶面各向异性刻蚀的结构

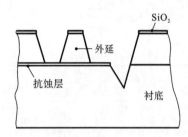

图 9-25　埋抗蚀层制造微结构

底之上增加一些抗蚀物质，形成一层抗蚀层，可限制该处的腐蚀深度，形成特殊结构，如图 9-25 所示。立体光刻腐蚀加工和牺牲层工艺结合可用于制造多种硅微结构。现在立体光刻腐蚀加工技术已是制造三维立体微硅器件的最基本方法之一。

**3. 牺牲层工艺技术**

牺牲层腐蚀工艺是制造一些复杂微型结构的重要方法。使用牺牲层后可使微型机械中的部分结构脱离（或部分脱离）母体基板而能移动或转动，这对某些微型机械，特别是某些传感器、驱动器等是极为重要的。牺牲层工艺都是和光刻或其他工艺结合在一起用来制造微型结构的。

现以某密封谐振梁为例说明牺牲层工艺。谐振梁和密封腔盖用多晶硅制成，牺牲层用 $SiO_2$，这些材料都是用低压化学气相沉积法沉积上去的，整个工艺制造过程（见图 9-26）如下。

（1）先在硅基体上沉积 $SiO_2$ 层作为牺牲层，上面沉积一层多晶硅作为谐振梁的结构材料，进行光刻，将多晶硅刻蚀成梁的形状，如图 9-26(a) 所示。

（2）沉积第二层 $SiO_2$ 牺牲层，热氧化生成 $SiO_2$ 腐蚀通道，进行光刻，将 $SiO_2$ 牺牲层刻蚀成要求的外形。再沉积第二层多晶硅层作为腔盖外壳，进行光刻，将多晶硅外壳刻蚀成要求的外形，如图 9-26(b) 所示。

（3）用 HF 酸腐蚀掉牺牲层，再进行多晶硅沉积密封，如图 9-26(c) 所示。这样结合使用化学气相沉积法和牺牲层工艺腐蚀法，将这种密封谐振梁微机械系统制造完成。

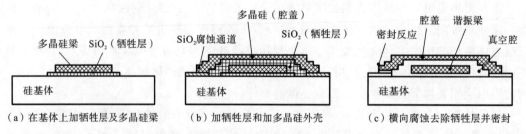

（a）在基体上加牺牲层及多晶硅梁　　　（b）加牺牲层和加多晶硅外壳　　　（c）横向腐蚀去除牺牲层并密封

图 9-26　使用牺牲层腐蚀法制造密封谐振梁

**4. 微器件基板的键合技术**

基板的键合技术是微型机械制造中的不可缺少的工艺技术。制造复杂形状或复合的硅微型机械和器件，常需要将几块基板键合在一起，常遇到的是 Si 基板和 Si 基板、Si 基板和玻璃基板的键合。基板键合时必须保证键合尺寸十分精确，同时键合后基板不变形。

要求基板键合时不变形，必须确保键合的两块基板热膨胀系数相同。Si 基板和 Si 基板键合时,可采用直接键合,基板的面要加工得非常平,两基板加热到 1000 ℃ 以上的高温,压在一起。它是靠原子力将两块 Si 基板键合在一起的,键合非常牢固。因为是同种材料,热膨胀系数相同,故没有热应力,不会产生键合变形。不同晶向的硅键合在一起,利用各向异性刻蚀可制造较复杂的机械结构。

玻璃基板要和 Si 基板键合时,选用的玻璃材料的热膨胀系数需和 Si 的热膨胀系数非常接近,硼硅酸盐玻璃(Pyrex7740 玻璃)的热膨胀系数和硅的最接近,适宜和硅键合。Si 基板和硼硅酸盐玻璃的键合采用阳极键合,将表面相互紧密结合的玻璃板和硅片加热到 400 ℃,然后外加一个 1000 V 的高电压,玻璃板接阴极,硅片接阳极,玻璃和硅片间就会产生很大的静电引力,表面就相互紧密接触,牢固地键合在一起。

### 5. 精微机械加工技术

精微机械加工是微型机械及微型机电系统中制造微型器件的重要方法,其特点是能加工复杂微结构,不仅加工效率高,并且加工精度高。现在已能用金刚石刀具车削直径为 $10 \sim 20$ $\mu m$ 的微针,使用精密磨削已加工出 $\phi 8~\mu m$ 钨针,使用微钻头能加工出直径为 $30 \sim 50~\mu m$ 的微孔。现在国外已生产出主轴转速为 $50000 \sim 10000~r/min$ 的微型铣床和加工中心,能用微型立铣刀进行微结构的铣削,图 9-27 所示为用微型立铣刀加工精密微结构的示意图。图 9-28 所示为铣削的端部微细密齿件,由于端部的齿极细极密,精度要求严格,因此加工难度极大。加工微结构的铣刀,常用单晶金刚石磨制。图 9-29 中是现在用的微细铣刀的不同结构,其中双刃形铣刀因磨削困难,很少使用;三角形截面铣刀现在用得较多,但因是负角切削,故使用效果不佳;半圆截形的单刃铣刀,磨削方便,使用效果最好。微细铣刀根据加工件要求,可以磨成圆柱形或圆锥形;加工曲面时,端刃可磨成圆弧形,以得到质量较好的加工表面。

微齿放大

**图 9-27　微型立铣刀加工微结构**　　　　　**图 9-28　铣削的端部微细密齿件**

近年来国外新发展了多种加工自由曲面的小型多坐标联动加工中心。图 9-30 所示是日本 FANUC 公司生产的加工微型零件的 ROBOnano Ui 五轴联动加工中心。主轴用空气轴承,回转精度为 $0.05~\mu m$,转速为 $50000 \sim 100000~r/min$。直线运动的 $X$、$Y$、$Z$ 方向的数控系统的分辨力为 1 nm。工作台上回转台的 $B$ 轴和铣削主轴倾斜的 $C$ 轴均可转动 $360°$,分辨力为 $0.00001°$。图 9-31 所示是用该加工中心加工出的不同截面形状的微槽,其中图 9-31(a)中的 V 形槽,齿距为 $25~\mu m$,V 形角为 $77°$,材料为镍合金;图 9-31(b)中的 V 形槽,齿距为 $100~\mu m$,V 形角为 $50°$,材料为无氧铜;图 9-31(c)所示是平行的窄深槽,齿距为 $35~\mu m$,槽深 $100~\mu m$,材料为黄铜,侧面倾斜 $1.5°$,加工件的齿距误差为 80 nm,深度误差为 $9.4~\mu m$。从图中可看到,用微型机床可以加工出表面光洁、精度很高、尖角很尖锐的微 V 形槽和窄深槽。

用该 ROBOnano Ui 五轴联动加工中心,使用微型单晶金刚石立铣刀,在多轴联动条件下,可加工自由曲面。图 9-32(a)所示是该五轴联动加工中心在 1 mm 直径的表面上加工出的人面浮雕像。这台机床还在 1.16 mm×1.16 mm 硅表面上,加工出 4×4 阵列的凸面镜,如图

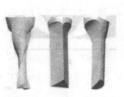

双刃形　三角形　单刃形

**图 9-29　微细铣刀**

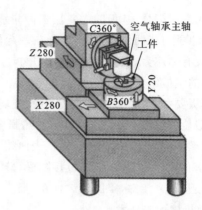

**图 9-30　ROBOnano Ui 五轴联动加工
中心结构示意图**

（a）V形槽1　（b）V形槽2　（c）窄深槽

**图 9-31　用 ROBOnano Ui 五轴联动加工中心加工出的微槽**

9-32(b)所示。凸面镜直径为 236 $\mu$m，高度为 16 $\mu$m，镜面曲率半径为 448 $\mu$m，加工表面光洁，如图 9-32(c)所示。用该五轴联动加工中心还可加工出任意自由曲面微型工件，如图 9-32(d)所示。从以上加工实例可知，现在加工微型复杂精密工件的微型机床和加工技术已经达到极高的水平。

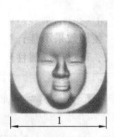（a）微型人面浮雕　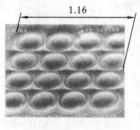（b）微型凸面镜4×4阵列　（c）微型凸面镜（放大）　（d）自由曲面

**图 9-32　用 ROBOnano Ui 五轴联动加工中心加工出的自由曲面微型工件**

# 复习思考题

1. 试述纳米技术对国防工业、尖端技术，以及整个科技发展的重要性。
2. 简述纳米级测量主要方法及各方法的特点。
3. 试述扫描隧道显微镜(STM)的工作原理、方法和系统组成。

4. 简述原子力显微镜(AFM)的工作原理和测量分辨力。

5. 简述多种扫描探针显微镜(SPM)和多功能扫描探针显微镜的发展概况。

6. 简述原子操纵中的"移动原子"和"提取去除原子"的原理和方法。

7. 简述使用 SPM 针尖进行雕刻加工微结构的方法。

8. 简述使用 SPM 进行光刻和局部阳极化加工微结构的原理和方法。

9. 简述微型机电系统的组成、功能和最新发展。

10. 简述立体光刻工艺技术制造微器件的原理和方法。

11. 简述牺牲层工艺技术制造微器件的原理和方法。

12. 简述基板的键合技术的原理和方法,以及其在微型机电系统制造中的应用。

13. 微型机械和微型机电系统(MEMS)包含什么内容?

# 思政小课堂

**挑战人类加工的极限——詹姆斯·韦伯太空望远镜**　詹姆斯·韦伯太空望远镜(James Webb Space Telescope,缩写 JWST)是美国国家航空航天局、欧洲航天局和加拿大航天局联合研发的红外线观测用太空望远镜,为哈勃空间望远镜的继任者。詹姆斯·韦伯太空望远镜镜面设计要求是 6.5 米口径,而这个大小超过了火箭发射的尺寸限制,所以选择方案是加工成 18 面一模一样的六边形,折叠起来再展开。镜面材料选择用碱土金属铍,镜面的加工精度要求是:抛光误差不超过 10 纳米,每块镜片还能随意调整角度,调整精度不超过 10 纳米,10 纳米大概相当于几十个铍原子摆在一起的宽度。为了尽量遮住可能的外界能量,比如地球辐射,詹姆斯·韦伯太空望远镜需要设计一"把"五层的"遮阳伞"。它完全展开时长宽占地大小为 300 平方米左右,但即便这么大,每层的厚度要求仅 25 微米或 50 微米(第一层),这已经包括了镀的硅膜和铝膜的厚度。要知道,人的头发宽度还有 80~100 微米,而这么薄的一层要做到这么大,简直不可思议。无论是镜子还是遮阳板,都需要先一起塞进火箭里,然后进入太空后才慢慢展开。也就是说经历了剧烈的火箭发射和非常大的温度变化后,它们要在太空中实现 10 纳米和 25 微米精度,这突破了人类精密加工的极限。

# 参 考 文 献

[1] 左敦稳,黎向锋. 现代加工技术[M]. 4 版. 北京:北京航空航天大学出版社,2017.

[2] 袁哲俊,王先逵. 精密和超精密加工技术[M]. 3 版. 北京:机械工业出版社,2016.

[3] 王祖俊. 精密加工技术与检测[M]. 北京:机械工业出版社,2017.

[4] 王贵成,张银喜. 精密与特种加工[M]. 2 版. 武汉:武汉理工大学出版社,2003.

[5] 刘贺云,柳世传. 精密加工技术[M]. 武汉:华中理工大学出版社,1991.

[6] 叶卉. 光学元件低亚表面缺陷及高激光损伤性能的研究[D]. 厦门:厦门大学,2016.

[7] WANG C, WANG Z, YANG X, et al. Modeling of the static tool influence function of bonnet polishing based on FEA[J]. The International Journal of Advanced Manufacturing Technology, 2014, 74: 341-349.

[8] WANG C, CHEUNG C F, HO L T, et al. A novel magnetic field-assisted mass polishing of freeform surfaces[J]. Journal of Materials Processing Technology, 2020, 279: 1-9.

[9] 张瑞,姜晨,任鹤,等. 立、卧式磁性复合流体抛光对比实验研究[J]. 光学仪器,2018,40 (5):70-77.

[10] JIAO L, WU Y, WANG X, et al. Fundamental performance of Magnetic Compound Fluid (MCF) wheel in ultra-fine surface finishing of optical glass[J]. International Journal of Machine Tools and Manufacture, 2013, 75: 99-118.

[11] 李文妹,姜晨,许继鹏,等. 光学玻璃磁性复合流体抛光液研究[J]. 激光与光电子学进展, 2016, 53(6): 272-279.